ゆかいなイラストで
すっきりわかる

惑星のきほん

宇宙人は見つかる?
太陽系の星たちから探る宇宙のふしぎ

室井恭子／水谷有宏

はじめに

　私が初めて望遠鏡で星を見たのは小学生のとき。
　地球に接近した火星を、おそるおそるのぞいたことを覚えています。夜空では小さく見えていた赤い点が、望遠鏡の向こうに真っ赤な丸い形で見え、感激するとともに、目の前に遠くの宇宙があることになぜか畏れも感じました。
　そして、まるで猫の目のように見えた小さな土星のことも忘れません。それまで写真やテレビで見たことはあっても、本物を自分の目で見たときの感動は、このすばらしい宇宙の中に自分もいることを感じさせてくれ、その後の仕事につながるきっかけとなったことは間違いないでしょう。
　本書は、そのように宇宙の不思議に魅了された方々はもちろん、「惑星のいろいろなことを、まずは広く浅く知りたい」と思った方々、「なぜ地球は回っているのか、子どもに聞かれたけれど答えられなかった」などの思いを抱く方々にも、気軽に手にとって興味のあるところか

ら読めるよう、一つ一つ完結する話にまとめました。専門的な言葉には仮名もふっているので、小学校高学年くらいの方から読めると思います。

　2008年に「惑星のきほん」の旧版が出版されてから10年が経とうとしています。その間に惑星探査はずいぶん進み、今、ブームを迎えています。肉眼で見える5つの惑星すべてに加え、準惑星、小惑星そして太陽系外縁天体で探査が進行中です。

　本書では、新たに見えてきた惑星の姿にも触れています。探査機たちが惑星の素顔を明らかにすることで、太陽系がどうやってできたのか、地球の生命や私たちはどのように誕生したのか。そして今後どうなるのか。その答えに近付いていくことでしょう。

　次に夜空で惑星を見つけたときには、そんな私たちとのつながりを思い出してみてくださいね。

　　　　　　　　　　　　　　　　　　2017年7月　　室井恭子・水谷有宏

もくじ

はじめに ……002

Chapter 1
惑星ってどんな星?

- 01 太陽系の星ぼし ……008
- 02 惑星とは?①〜太陽の周りを回る星 ……010
- 03 惑星とは?②〜丸い星 ……012
- 04 惑星とは?③〜目立つ星 ……014
- 05 惑星はこうして誕生した ……016
- 06 どうして惑星は自転しているの? ……018
- 07 どうして惑星は自分で光らないの? ……020
- 08 惑星観測の歴史 ……022
- 09 どうして惑星という名前なの? ……026
- 10 惑星のふしぎな動き〜順行と逆行 ……028
- 11 夜空に惑星を見つけてみよう ……030
- 12 真夜中には見えない惑星 ……032
- 13 地球から惑星までの距離 ……034
- 14 惑星の重さ ……038
- 15 惑星ナンバーワンくらべ ……040
- 16 惑星の名前の由来 ……042
- 17 曜日と惑星の関係 ……044
- 18 惑星以外の太陽系天体 ……046

【きほんミニコラム】
惑星現象のきほん ……048

Chapter 2
内惑星と地球

- 19 1日が1年よりも長い水星 ……050
- 20 水星を見られたら自慢できる!? ……052
- 21 水星は水でできているの? ……054
- 22 地球のもっとも近くにある金星 ……056
- 23 一番星とは金星のこと? ……058
- 24 昼間の金星を探してみよう ……060
- 25 金星の美しさの秘密 ……062
- 26 満ち欠けも楽しめる金星 ……064

27	生命に満ちあふれた地球	……066
28	地球の昼と夜	……068
29	地球に季節があるのはなぜ？	……070
30	なぜ地球だけに生命が存在するの？	……072

【きほんミニコラム】
オーロラの神秘 ……074

Chapter 3
外惑星

31	赤く輝く火星	……076
32	火星観光ツアーに出かけよう	……078
33	火星のお天気模様	……080
34	火星人はいるの？	……082
35	火星に住んでみよう	……084
36	火星の大接近を見よう	……086
37	ガスでできた巨大な木星	……088
38	木星はなんでそんなに大きいの？	……090
39	木星の縞模様は巨大な雲!?	……092
40	木星の赤い目玉の正体	……094
41	最新木星探査	……096
42	個性あふれるガリレオ衛星	……098
43	大きな環を持つ土星	……102
44	土星が水に浮くってホント？	……104
45	土星の環は氷と岩石の集まり	……106
46	どうして土星にだけ立派な環があるの？	……108
47	土星の環が消える!?	……110
48	土星の衛星には生き物がいるかもしれない!?	……112
49	初めて望遠鏡で発見された天王星	……114
50	なぜ天王星は横倒しなの？	……116
51	実は天王星にも環があった！	……118
52	もっとも外側を回る海王星	……120
53	青い海王星には海があるの？	……122

【きほんミニコラム】
それぞれの惑星から太陽を眺めてみよう ……124

Chapter 4
準惑星と小惑星

54 準惑星ってどんな星？……126
55 冥王星の意外な素顔 ……128
56 冥王星の波乱万丈物語 ……130
57 火星と木星の間できらりと光るケレス ……132
58 小惑星はなぜ惑星になれなかったのか？……134
59 小惑星探査機「はやぶさ」の活躍 ……136
60 太陽系はどこまで続いているの？……138
61 流星群は彗星から出たチリからできるって
   ホント!？……140

【きほんミニコラム】
どうして小惑星を調べるの？……142

Chapter 5
太陽系と太陽系外惑星

62 太陽系の外にもたくさんの惑星が存在する ……144
63 太陽系外惑星に生命が存在する可能性は？……146
64 もし太陽がなくなってしまったら ……148
65 太陽系の別の惑星に
   引越ししてみたら？……150
66 日本の太陽系探査機たち ……152
67 天体望遠鏡で惑星を見てみよう！……154

【きほんミニコラム】
惑星の定義文 ……158

参考文献 ……159

※本書は2008年に刊行された『惑星のきほん』の全面改訂版です。

Chapter 1

惑星って
どんな星？

太陽の周りを回っている星が太陽系の「惑星」だよ

01

惑星ってどんな星？

太陽系の星ぼし

　私たちが暮らし、生活する星「地球」。
　生命を育む地球には、太陽の存在が欠かせません。母なる太陽の恵みである光と熱が、地球を住みやすい星にしてくれているのです。太陽は引力という見えない糸で地球とつながり、地球が遠く冷たい宇宙の彼方へ飛んでいかないよう、しっかりと引き止めてくれています。その糸に引かれながら地球は太陽の周りをめぐっています。
　太陽とつながっているのは地球だけではありません。一緒に太陽の周りを旅する仲間がいます。「すい・きん・ち・か・もく・ど・てん・かい・（めい）」という呪文のようなフレーズを耳にしたことはありませんか？

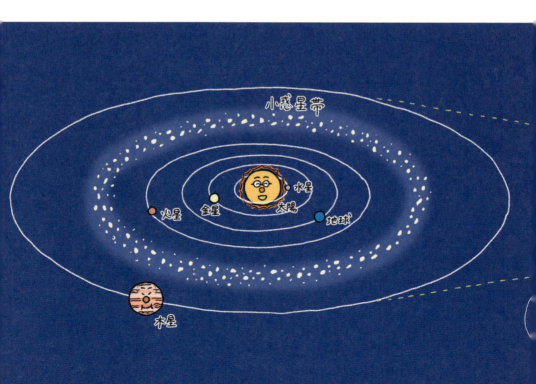

これは「水星・金星・地球・火星・木星・土星・天王星・海王星・(冥王星)」の頭文字を並べたもので、太陽の周りをめぐる仲間たち「惑星」です。太陽がお母さんならば、惑星たちはその周りを走り回る子どもたち、いわば兄弟星といったところでしょうか。でも、その個性はさまざまです。

　惑星以外にも太陽の周りを回っている仲間はたくさんいます。惑星よりもやや小さい準惑星（冥王星は準惑星の一つです）、準惑星よりも小さくでこぼこした形の小惑星、惑星の周りを回る衛星（月は地球の衛星です）、ほうき星ともよばれる彗星などです。このように太陽を中心とした大家族を「太陽系」とよんでいます。その中でも、太陽に次いで目立つ存在が惑星です。かつては単純に、大きな天体を惑星とよんでいましたが、2006年から「こういう天体を惑星といいましょう」という分類ができました。では、どんな天体が惑星なのか、次のページから紹介していきましょう。

惑星ってどんな星？

惑星とは？①
〜太陽の周りを回る星

太陽系の惑星とはどういう星を指すのかは、2006年に国際的に定義されました（p.158参照）。

その条件は3つあります。そのうちの1つが「太陽の周りを回る星である」ことです。

私たちの住む地球は、およそ365日かけて太陽の周りを回っています。地上で生活をしている私たちには実感しづらいですが、地球はものすごい勢いで宇宙空間を走っています。そのスピードは実に時速10万km。まさに地球は大きな宇宙船。地球をはじめ、惑星たちは太陽の周りを回っています。

ところで、どうして惑星たちは太陽の周りを回り続けることができるのでしょう？

どんなものでも2つの物体の間にはお互いを引っ張る力、重力（万有引力）が働いています。重たいものほど相手を強く引っ張ります。太陽系の中で一番重たいものは…もちろん太陽です。つまり、太陽系のすべてのものは太陽に引っ張られているわけです。

では、太陽の引っ張る力に負けないようにするためには、どうすればよいでしょうか？ その答は、遠心力です。

たとえばお椀の中に、ビー玉を1つ入れます。ビー玉はそのままではお椀の底にありますね。ではお椀をゆっくりと回すとどうでしょう。遠心力によって、ビー玉は底に落ちずに回りますよね。

同じように、惑星たちは太陽の重力に負けないように、ぐるぐると回り続けているのです。

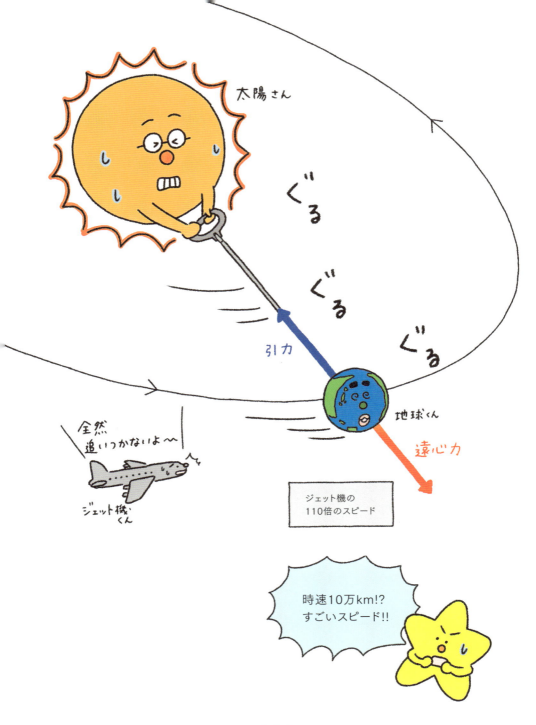

惑星ってどんな星？

惑星とは？②
〜丸い星

　2つ目の定義は「自己重力によって丸くなっている」ことです。

　天体はすべて丸いわけではありません。いびつな形をしたものもたくさんあります。どうやら、ある程度大きな星は自然と自分自身の重力で丸くなっていくようです。でも、自分自身の重力で丸くなるって、どういうことでしょう？

　木星や土星のようなガス惑星の場合、ガスは移動しやすいので、自然と重力の中心、つまり星の中心へと集まり、丸くなります。

　それでは、地球や火星などの岩石惑星はどうでしょう？　これは、惑星ができたばかりのころまでさかのぼります。小さな微惑星が合体を繰り返して大きくなった惑星は、全体がドロドロに溶けた状態になり、そのときに丸くなったと考えられています（惑星のでき方についてはp.16参照）。

　では、丸くなるのはどうしてでしょう？

　木から落ちるリンゴは地面に向かって一直線。これは日本でもブラジルでも地球のどこでも同じです。つまり、重力はあらゆる方向から星の中心に向かって働きます。すると、星はどの方向からもやってくる重力とバランスを取ろうとして、均一に丸くなっていきます。

　もちろん、細かく見ると、地球には山や谷があります。これは、山や谷を作る岩石の固さの方が、地球の重力よりも勝っているのでつぶれることがないからです。また、小惑星や衛星の中にはいびつな形をしたものがたくさんあります。小さな天体は重力が弱いので、固体としての力の方が勝り、丸くならずに、そのままいびつな形状をしています。大きさにして直径800km〜1000kmほどあれば、星は丸くなるといわれています。

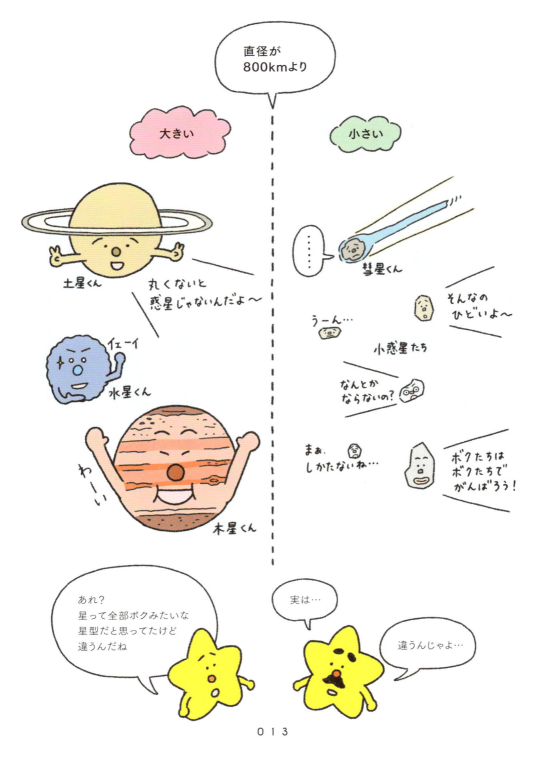

惑星ってどんな星？

惑星とは？③
〜目立つ星

　惑星になるための最後の関門は、「周りの天体を食べるか掃き散らす」ことです。
　天体を食べるとは、重力によって周りの小さな星を引きつけること。その星たちは衝突したり、衛星となったりします。掃き散らすとは、同じく重力によって、星を遠くへはじき飛ばすことです。でも、引っ張る力が重力なのに、はじき飛ばすとはどういうことでしょう？
　小さな星は太陽の周りをあるスピードで回っていますが、近くに惑星のような大きな星があると、その重力で引っ張られ、スピードが変化します。10ページで書いた、お椀の中のビー玉を思い出してください。回しているお椀を、さらに勢いよく回すとどうなるでしょう？　ビー玉はお椀の縁に上がっていき、飛び出していってしまいますね。逆に回し方をゆっくりにすると、ビー玉は底へ落ちようとします。星の場合も、通り過ぎようとした星が、惑星の重力に引き寄せられることで速度が変化して、その勢いでビューンと飛ばされてしまうことがあります。
　いずれにしても、小さな星は惑星の重力で引きつけられるか、はじき飛ばされます。こうして惑星は、自分の通り道にある星たちをなくしてしまい、際立って目立つようになります。惑星はほかを圧倒する存在感がなければいけないわけですね。
　2006年に作られた惑星の定義は、太陽系の姿を新しくしました。残念ながらこのルールによって、冥王星は惑星の仲間から外されました（この話は後ほど130ページで紹介します）。惑星の数は減ってしまいましたが、大切なことは、太陽系の認識がより定まった、ということです。

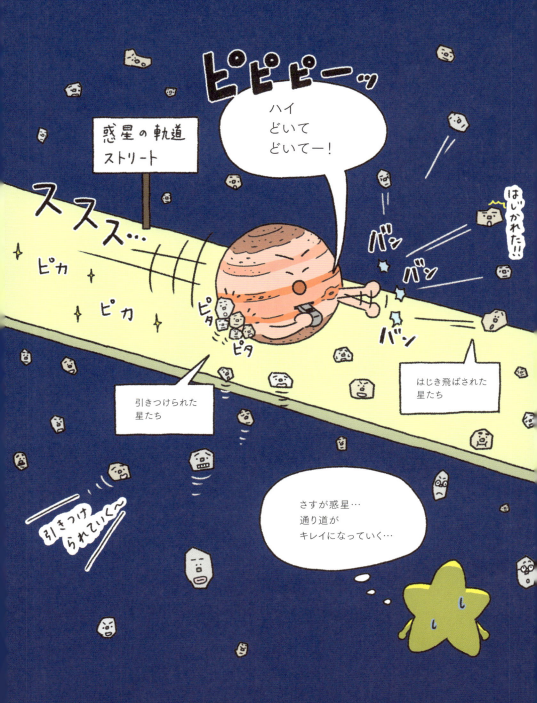

惑星ってどんな星？

惑星はこうして誕生した

　私たちの住む地球やほかの惑星がどうやってできたのか、実は、詳しいことはまだわかっていません。当たり前ですが、誕生したところを誰も見たことがないからです。でも、コンピュータを用いたシミュレーションなどにより、いろいろなことがわかってきました。

　今からおよそ46億年前、宇宙空間にあったガスとチリでできた雲の濃いところが収縮を始め、回転しながらだんだん平らな円盤状になり、高温になった中心には太陽が誕生しました（太陽はガスが集まってできた星なんですよ）。やがて円盤が冷えてくると、固体となった物質が固まって、直径1km〜10kmくらいの微惑星がたくさんでき、それらが衝突合体を繰り返して、だんだん大きな惑星になったと考えられています。雪玉をたくさんくっつけて大きな雪だるまを作るときのようなイメージです。本当に微惑星があったのかどうかは、たとえば、地球など惑星の表面にクレーターがあることが、過去の小天体の衝突を物語っているといえるでしょう。また、微惑星の一部が惑星の引力にとらえられ、現在の衛星になったのではないかとも考えられています。そのほか、彗星も微惑星の生き残りと考えられています。

　ところで、木星や土星はとても大きく、その表面は分厚いガスで覆われています。木星より外側の領域は温度が低く、水が氷となり、それをも材料にして惑星が大きく成長し、その引力で周りのガスを大量に取り込むことができたと考えられています。一方、火星より内側のところでは、太陽に近いため、温度が高くて水が蒸発してしまうので、惑星の材料となるものが少なく、大きく成長できなかったと考えられます。

　現在では、このような考え方が正しいのか、太陽系以外のところで惑星が作られつつある現場を観測することで証明しようとしています。

惑星の種類

太陽系の惑星には、水星、金星、地球、火星のように大部分が岩石でできたもの、木星、土星のようにたくさんのガスで覆われているもの、天王星、海王星のように遠くて冷たいところにあるため大部分が凍っているものがあります。これらをそれぞれ、岩石惑星、ガス惑星、氷惑星などとよぶことがあります。

惑星ってどんな星？

どうして惑星は自転しているの？

　毎日、朝起きると太陽が東の空から昇ってくるのが見え、夕方には西の空へ沈んでいきます。まるで太陽が地球の周りを動いているかのようです。でも実際には、地球がコマのように回転しているので、地上からはあたかも太陽が空を横切っていくかのように見えるのです。この地球の回転を「自転」といいます。ほかの惑星もみんな自転しています。

　惑星が自転するのは何者かが惑星を回しているから？　いいえ、自転を止めようとするものがないからです。たとえば、机の上でコマを回すと、だんだん遅くなって止まってしまいます。机とコマとの間に摩擦が起きて、コマを止めようとするからです。もし、コマの先端が宙に浮いて完全に摩擦がなかったら、ずっと回り続けます。それが自転する惑星です。何もない宇宙空間では、惑星は止まることがないのです。

　ではなぜ惑星は回り始めたのでしょう？　それは、約46億年前、渦巻くガスやチリの雲の中から惑星が誕生したからです。惑星の自転と公転（太陽の周りを回ること）は、そのときからずっと続いていて、ほとんどの惑星が回転する雲と同じ向きに今でも自転し、公転しています。

　でも、なぜ私たちは地球の自転を感じないのでしょうか？　赤道上にいる人は、自転とともに時速約1700kmもの速さで移動しているのですが、それでも体感できません。車の場合は、道路の上を走る振動を感じますし、窓から顔を出せば風が当たりますね。でも、地球は何もない宇宙空間の中を移動するので振動もなく、人間も周りの空気も地球の回転と一緒に同じスピードで動いているので、時速1700kmという風が当たることもないのです（窓を閉めた車の中と同じ状況です）。

　地球が動いていることを実感するのはむずかしいので、昔の人は長い間、地球は止まっていて、周りの空が動いていると考えていたんですよ。

フーコーの振り子で地球の自転を感じてみよう

頭ではわかっていても、実感しづらいのが地球の自転。それを目で感じさせてくれるものが「フーコーの振り子」とよばれる、とても長いひも（通常は10m以上）で吊るされた大きな振り子です。振り子は、外から力が加わらない限り、振れる方向は変わらないという性質があるにもかかわらず、地球上ではだんだんと振れる方向が回転していきます。この回転していく原因が地球の自転によるもので、1851年にフーコーがこの実験から地球の自転を証明しました。日本でも国立科学博物館など、いくつかの施設にあります。ゆっくりと振れる様子を見て、地球の自転を感じてみましょう。

07

惑星ってどんな星？

どうして惑星は自分で光らないの？

　夜空を見上げると、たくさんの星ぼしに混ざって惑星も光り輝いていますね。満月の夜は、月明かりで影踏みができるくらい月がまぶしく見えます。でも実際には惑星も月も自分で光っているわけではありません。私たちが住んでいる地球も惑星の一つですが、地面から光は出ていませんね。惑星や月が明るく光っているように見えるのは、太陽の光に照らされているからです。一方、太陽や夜空に見える星たち（太陽も含めてこれらを恒星といいます）は、自分でエネルギーを作り出して光り輝いています。

　なぜ、恒星はエネルギーを作り出せるのでしょうか？

　恒星はとても巨大で、たとえば太陽の直径は、地球の約109倍もあります。そのほとんどが水素とヘリウムのガスでできています。太陽の中心部の温度はなんと1600万度もの高温で、そのため地上ではふつう起こらない反応が起きます。小さな空間に水素がぎゅっと押し込まれ、お互いがものすごいスピードでぶつかり、水素原子4個がくっついてヘリウム原子1個に変化するのです。これを核融合といいます。核融合が起きるとき、強力な光と熱が生まれます。太陽や星ぼしはこの光で輝いているのです。

　ところが、地球や火星などの小さな惑星には、核融合の材料である水素があまりありません。木星や土星など大きな惑星には水素のガスがたくさん取り巻いていますが、太陽に比べると、とても小さくて量が足りません。中心の温度が低いので核融合が起こらず、光を生み出すことができないのです。もし、木星が今よりも100倍くらい大きかったら、光る星（恒星）になっていたかもしれません。空に太陽が2つもあったら、私たちの世界は、いったいどんな世界だったのでしょうね。

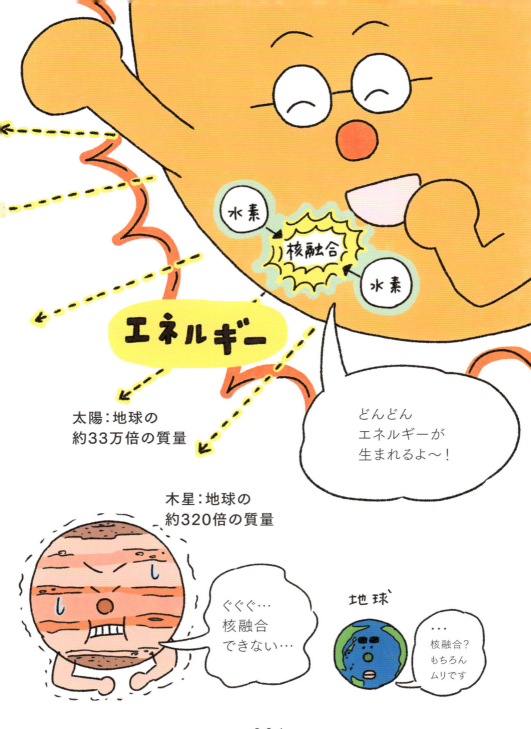

08 惑星ってどんな星?

惑星観測の歴史

　肉眼でも見ることができる水星・金星・火星・木星・土星は、誰かが発見したというわけではなく、有史以前から知られていました。ただ、おもしろいことに、水星、金星は日の出前に見えるときと、日の入り後に見えるときがあるので、昔の人たちはそれぞれを別々の星だと思っていたようです。

　天王星を発見できたのは、天体望遠鏡のおかげです。1781年、ウィリアム・ハーシェルがふたご座付近を観測中に、偶然発見しました。まさか土星より遠くに惑星があるとは思っていなかったのか、最初は彗星だと考えたようです。しかし位置や運動の様子をよく調べた結果、のちに惑星だということがわかりました。天王星は、ガリレオ・ガリレイが1609年に天体観測用の望遠鏡を開発して以来、望遠鏡を使って見つけた最初の惑星です。過去の観測記録を見ると、以前にも望遠鏡で天王星を見ていた人はたくさんいたようですが、記録には恒星と記されていて、惑星だとは思っていなかったようです。

　海王星が発見されたのは、それから約60年後の1846年。天王星の実際の位置と、計算で予測した位置とが合わないことがわかってきたのがきっかけでした。フランスのルベリエは、未知の惑星の引力が天王星の動きに影響を与えていると考え、過去の天王星の動きを調べて未知の惑星の位置を計算し、ベルリン天文台のガレに伝えました。幸運にもベルリン天文台には、当時もっとも正確で新しい星図（星の位置を表わした、いわば星空の地図のようなもの）があり、望遠鏡で見える星を1つ1つ確認していった結果、星図に載っていない海王星が発見されたのです。同じころ、イギリスのアダムスも同様に未知の惑星の位置を予測していました。現在では3人による発見と讃えられています。

08　惑星ってどんな星？

惑星に関するおもな発明発見と業績

年代	事項	発見者（国）
700-100B.C.ごろ	粘土板楔形文字による天文表と天文記事	（バビロニア）
5世紀B.C.ごろ	黄道12宮星座の成立	（ペルシャ）
270B.C.ごろ	地球の大きさの測定	エラトステネス（ギリシア）
150ごろ	「アルマゲスト」の完成、大気差の記載	トレミー[プトレマイオス]（エジプト）
1543	「天体（球）回転論」発刊、地動説の提唱	コペルニクス（ポーランド）
1609-10	天体望遠鏡の開発（ガリレオ衛星、月の表模様、天の川の正体、太陽の自転などの発見）	ガリレオ（イタリア）、ファブリチウス（ドイツ）ほか
1656	土星の環の確認	ホイヘンス（オランダ）
1668	反射望遠鏡の製作	ニュートン（イギリス）
1687	「プリンキピア」出版、万有引力の法則の公表	ニュートン（イギリス）
1705	周期彗星（ハレー彗星）の発見	ハレー（イギリス）
1781	天王星の発見	ハーシェル（イギリス）
1801	小惑星ケレスの発見	ピアジ（イタリア）
1846	海王星の発見	ルベリエ（フランス）、アダムス（イギリス）、ガレ（ドイツ）
1850ごろ	天体写真術の確立	ボンド（アメリカ）、ド・ラ・リュー（イギリス）
1851	フーコー振子の実験と地球自転の証明	フーコー（フランス）
1866	彗星と流星との関係の解明	スキャパレリ（イタリア）
1918	小惑星の族（平山族）の発見	平山清次（日本）
1930	冥王星の発見	トンボー（アメリカ）

冥王星発見物語

当時、第9惑星として冥王星が発見されたのは1930年。海王星の発見から80年以上も経っていました。冥王星は約15等という暗さですから望遠鏡を使っても見るのがむずかしかったのです。発見できたのは写真技術が進化したおかげです。写真は星のかすかな光も蓄積することができます。夜空の同じ場所を時間を空けて2度撮影し、2枚の写真を見比べてわずかに位置が変わっている星があれば、移動する惑星かもしれません。こうして丹念に観測していったローウェル天文台のクライド・トンボーは、ついに写真乾板にかすかに写っていた冥王星を発見したのです(ただし冥王星は現在、準惑星となっています)。

年代	事項	発見者(国)
1950	彗星核の汚れた雪玉説	ホイップル(アメリカ)
1969	人類の月面到達(アポロ11号)	(アメリカ)
1990	ハッブル宇宙望遠鏡打上げ	(アメリカ・ヨーロッパ)
1992	初の太陽系外縁天体(カイパーベルト天体 1992 QB1)の発見	ジュイット(アメリカ)、ルー(アメリカ)
1993	原始惑星系円盤の直接観測	オデル(アメリカ)ほか
1995-96	恒星の周りを公転する太陽系外惑星の発見(ドップラー法)	マイヨール(スイス)、ケローズ(スイス)、マーシー(アメリカ)、バトラー(アメリカ)
2000	すばる望遠鏡の運用開始	(日本)
2000	トランジット法による太陽系外惑星の検出	ヘンリー(アメリカ)、シャーボノー(アメリカ)ほか
2004	重力マイクロレンズによる太陽系外惑星の検出	ボンド(イギリス)、ウダルスキー(ポーランド)ほか
2006	惑星の定義と太陽系諸天体の種族名称を採択	国際天文学連合(IAU)
2008	冥王星型天体という種族名称を採択	国際天文学連合(IAU)
2008-09	太陽系外惑星の直接撮像	カラス(アメリカ)、マロア(カナダ)、ラグランジュ(フランス)、HiCIAO/AO/SEEDSチーム(日本、アメリカ、ドイツほか)
2009	恒星の自転と逆向きに公転する太陽系外惑星の発見	成田憲保(日本)、ウィン(アメリカ)ほか
2010	「はやぶさ」小惑星イトカワのサンプルリターン	はやぶさチーム(日本)
2013	アルマ望遠鏡の運用開始	(日本ほか東アジア、北アメリカ、欧州諸国)

惑星ってどんな星?

どうして惑星という名前なの?

　惑星という言葉の由来は何でしょうか? 古くから人は夜空を見上げ、星をつないで星座を作ったり、その位置や動きをつぶさに観察してきました。するとあるとき、星座を形作る星たちとは異なった動きをする星の存在に気付くようになりました。星空の中を、あっちへ行ったりこっちへ行ったり。まるで星座の中をふらふらと旅しているように見えたのでしょう。そこで、これらの星たちを惑(まど)う星と書いて「惑星」とよぶようになりました。または「遊星(ゆうせい)」ともよばれます。

　ところで、惑星たちはすべての星座の中を旅するわけではありません。12個の決まった星座の中を移動します。それらは太陽の通り道(黄道(こうどう)といいます)にある星座で、黄道12星座といいます。いわゆるお誕生日の星座ですね。ちなみに、月も同じように黄道12星座の中を移動していきます。

水星・金星・火星・木星・土星の肉眼で見える5つの惑星は、古くから知られていました。昔の人は、夜空にたくさんある星の中で、どうしてこの5つだけが別の動きをするのか不思議だったにちがいありません。惑星を特別な存在として見上げていました。確かに、いつ見ても惑星の輝きは存在感がありますよね。

惑星の動きの特徴

惑星名	特徴
水星	太陽に近く、しかも公転周期が短いため、日々、位置は大きく変わる。夕空にいたとおもったら、1,2ヵ月後には明け方の空に
金星	水星ほどではないが、やはり夕空と明け方の空を行ったりきたり。驚くほど明るくなるので、ときどきUFO騒ぎになる
火星	2年2ヵ月ごとに、地球と接近する。次の接近は2025年1月でふたご座に見える。その次の接近は2027年2月でしし座に見える
木星	黄道12星座を、1つずつ、12年かかって一周する
土星	2024年、2025年はみずがめ座、2026年、2027年はうお座あたりに見え、黄道12星座を2,3年に1つずつ移動していく
天王星	しばらくはおうし座に見えていて、ゆっくりと移動する
海王星	しばらくはうお座の中をゆっくりと移動する

10 惑星ってどんな星?

惑星のふしぎな動き
～順行と逆行

　26ページでは、惑星がふらふら動くということを紹介しました。しかし、ふらふら動くといっても、一晩のうちにあっちこっちに行くわけではありません。惑星も、星座を形作る星たちと同じように、東から西へ動いていきます。これは地球が自転をしているからですね（p.68参照）。

　さて、たとえばある日の夜、火星がさそり座の中にあったとしましょう。その夜は、火星もさそり座にくっついて動いていきます。ところが、この様子を何日も観測していると、火星の位置がだんだんとずれていくことに気が付きます。さそり座の形は変わらないのに、火星だけが一人歩きして、星座の中を渡り歩いているように見えるのです。

　このように惑星は、星座の中を左へ動いていったと思ったら、今度は右へバックして、また左に動いて…と、まさしく惑っているように動きます。この動きの原因は、惑星が太陽の周りを回っていることにあります。

　惑星たちは太陽の周りをほぼ同じ平面上（これを公転面といいます）を、ぐるぐると回っています。すると、太陽に近い水星や金星は地球を追い抜き、外側にある火星たちは地球に追い抜かれることがあります。その様子を地上から見ると、惑星がふらふら動いているように見えるわけです。

　星座の中を左へ左へ（東へ）動いていくことを「順行」、右へ（西へ）バックすることを「逆行」といいます。また、順行と逆行が入れ替わるときを「留」といいます。ちなみに、惑星の動きが直線にならずにくるっとなっている（イラスト参照）のは、惑星の公転面がそれぞれ少しずつずれているためです。

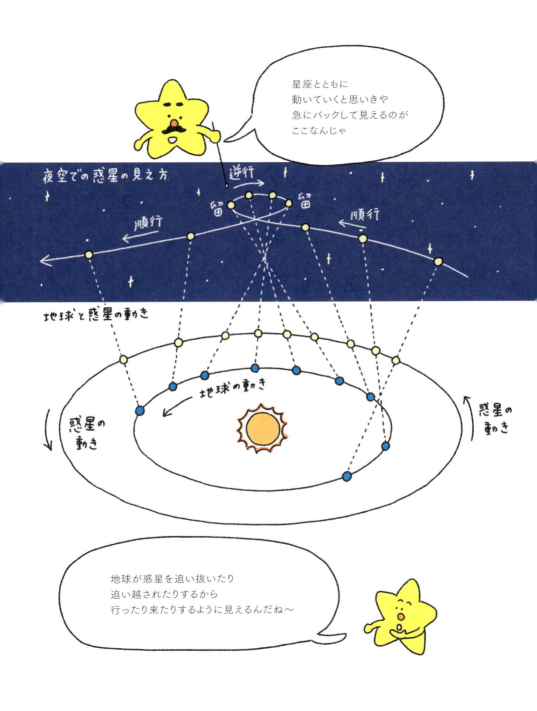

11 夜空に惑星を見つけてみよう

惑星ってどんな星?

　宵の西の空で、まるで飛行機が自分の方に向かって飛んできているのかな、と思うくらいピカーッと輝くとても明るい光を見たことはありませんか？ 実はそんな光が惑星の一つ「金星」であることがよくあります。遠く宇宙にある金星がそんなに輝いて見えるなんてびっくりですね。でも金星は地球のお隣の惑星。はるか彼方にある恒星に比べたら格段に近いので、肉眼でもとても明るく見えます。金星の明るさは地球からの距離や満ち欠けによって変わりますが、月を除いて星空で一番明るく見えるのでとても目立ちます。

　そのほか、水星、火星、木星、土星も肉眼で見えます。もちろん表面の模様や環は見えないので、一見、恒星とまぎれて区別がつきにくいかもしれませんが、チカチカと瞬く恒星に対して、惑星は比較的瞬きが少なく見えるのが特徴です。また、火星なら赤っぽく、木星なら周りの恒星より明るく見えます。土星は一番明るい恒星ほどではありませんが、0等星と同じくらい明るく見えます。最後に星座早見盤で位置を確かめて、そこに描かれていない星ならばまず間違いなく惑星です。水星は日の入後か日の出前のわずかな間しか見るチャンスがありませんので、見つけるのがむずかしい惑星です。

　残念ながら土星より遠くにある天王星、海王星は暗いため肉眼では見えません。でも、小型の天体望遠鏡があれば見ることができますので、ぜひ自分の目で8惑星全部を見てみましょう（p.154参照）。

　ところで、私たちが住んでいる地球の地面を見ればわかるように、岩石やガスでできている惑星は自ら光を発していません。輝いて見えるのは、母なる太陽の光を浴びているからです。地球も、宇宙から見れば青く光り輝く星として見えることでしょう。

各惑星の肉眼での見え方

水星くん	夕方か明け方、短時間しか見えない。（公転軌道が太陽に近いため）	木星くん	黄色っぽく見える。とても明るく、ほかの恒星と区別がつきやすい。
金星ちゃん	夕方以降か明け方近くに見える。水星よりは見やすい。とても明るい。	土星くん	クリーム色っぽく見える。木星ほどではないが、比較的明るい。
火星くん	赤みがかって見える。地球に接近したときはとても明るい。	天王星くん / 海王星くん	暗いので肉眼では見えない。

宵の西空の惑星

明るい金星や木星は、ほかの恒星が見え始める前から夕空で目立つ。この日は水星が西方最大離角に近くよく見えた（2016年8月27日、オーストラリアで撮影）。

星の明るさを表わす「等級」

星の明るさは、1等、2等、3等…というように数字が小さいほど明るいことを表わします。星座を作る星の中で一番明るいのは、おおいぬ座のシリウスで−1.5等。肉眼で見える星の明るさは、空が充分に暗いところで6等星くらいまでです。

12 真夜中には見えない惑星

惑星ってどんな星？

真夜中には見ることができない惑星があることを知っていますか？
　いつ、どの惑星が見られるのかは、その惑星が地球よりも太陽に近いか・遠いかによって、大きく2つに分けることができます。
　太陽の周りを回る8つの惑星のうち、地球よりも太陽に近い内側を回っている惑星（水星・金星）のことを「内惑星」、外側を回っている惑星（火星・木星・土星・天王星・海王星）のことを「外惑星」とよびます。内惑星は、地球から見るといつも太陽の近くにあるので、太陽と

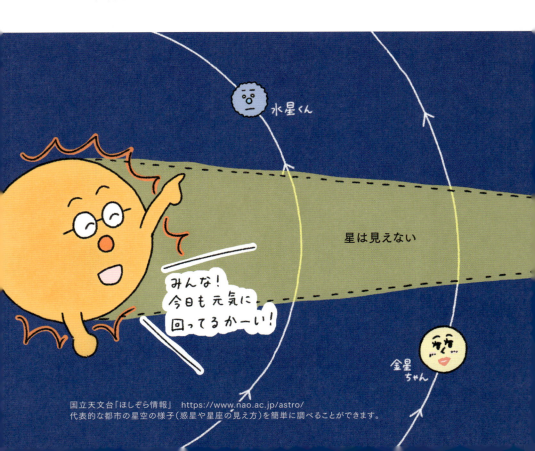

国立天文台「ほしぞら情報」　https://www.nao.ac.jp/astro/
代表的な都市の星空の様子（惑星や星座の見え方）を簡単に調べることができます。

一緒に昼間の空に昇って沈んでいきます。真夜中に見ることはできません。もちろん太陽が空に出ているときはまぶしいのでなかなか見られません。では、いつなら見られるか？ それは、日の出前か日の入後の少しの間だけ。中でも太陽に一番近いところを回っている水星は、見られるチャンスが少ない惑星です。

一方、外惑星は地球をはさんで太陽と反対側の位置にくることもあるので、真夜中にも見られます。肉眼で見えるのは火星・木星・土星です。火星は、地球との距離が大きく変化するので、とても明るく見えるときと、そうでないときがあります。約2年2ヵ月ごとに地球に接近しますので、そのタイミングをねらうと見つけやすいでしょう（p.86 参照）。

それぞれの惑星がいつどこに見えるのかは、星座早見盤や図鑑には載っていないので、最新の情報をインターネットなどで調べてみましょう。

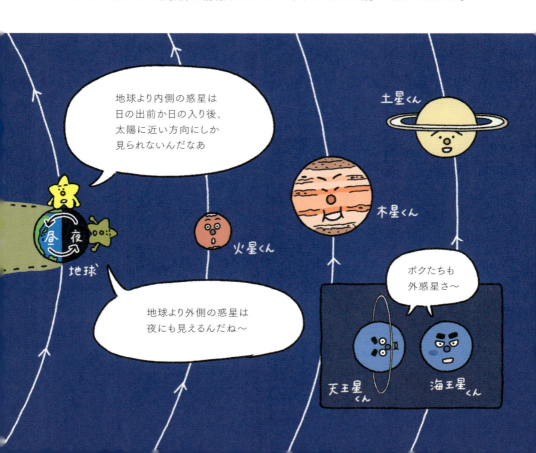

13 惑星ってどんな星？

地球から惑星までの距離

　近くにあるものは直接そこまで行って、メジャーなどを使えば距離を測れますよね。でも、遠くに見えるビルまでの距離はどうやって測ればいいでしょう？　巨大なメジャーを作る？　いいえ、そんな面倒なことをしなくても測れる方法があります。

　ここで一つ実験をしてみましょう。自分の目の前に指を1本立ててみてください。右目と左目を交互に閉じながら指を見ると、壁などの背景に対して指が動いて見えませんか？　指を顔から遠くに離すと、右目と左目で見たときのズレが小さく、近くにするとズレが大きくなりますね。これを視差といいます。これを利用して距離を測ることができます。

　遠くにあるビルまでの距離は、離れた2つの地点からビルを見て、背景に対するビルの位置のズレの程度を測ることで知ることができます（もちろん、2つの地点間の距離は直接測れるところにないといけません）。このような方法を三角測量といいます。手の届かない惑星の距離も、この三角測量の原理で測れるのです。

　たとえば、金星の太陽面通過（地球から見て、太陽の手前を金星が通過する現象）を地球上の2ヵ所以上の地点で観測することで、金星までの実際の距離が測れます。この方法は昔から行なわれてきました。なぜなら、昔から、太陽系内の各天体間の距離の比率だけはわかっていたので（天文学者ケプラーが実際の観測データをもとに計算して調べました）、どこか1ヵ所でも天体までの実際の距離がわかれば、縮尺を計算して、ほかの惑星の距離も「比率」から「実際の距離」に直すことができるからです。

　最近では、近くの惑星はレーダーで測定したり、惑星探査機の運動を調べたりすることで、さらに精度のよい測定が行なわれているんですよ。

ケプラーの法則って?

ヨハネス・ケプラーは、惑星が太陽をひと回りする周期の2乗と太陽からの平均距離の3乗の比は、どの惑星でも一定になることを発見しました。たとえば、太陽〜地球間の距離を1とする表わし方を「1天文単位(au)」といいますが、太陽〜火星間の距離は約1.52天文単位、火星の公転周期は約1.88年です。それぞれを3乗、2乗したものの比は1となりますね。観測から惑星の公転周期がわかれば、惑星までの平均距離が天文単位という「比率」でわかる、というわけです。

太陽から惑星までの距離と軌道

30年で太陽さんを1周する間に
地球からの環の見え方が少しずつ
変わっていくんだ〜

土星
太陽からの距離：地球の約10倍
公転周期：約30年

オレがもう少し大きかったら
第二の太陽になれてたかも
しれないんだよなあ…
ま、いいけど

太陽に近い方から
水星・金星・地球・火星
（中心が太陽）

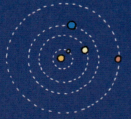

木星
太陽からの距離：地球の約5倍
公転周期：約12年

海王星くんって
太陽さんからすごく遠いね〜

だから太陽さんの周りを
1周するのに
165年もかかるんだぜ…

海王星
太陽からの距離：地球の約30倍
公転周期：約165年

海王星くんほどじゃないけど
ボクだって
84年もかかるんだよ〜

天王星
太陽からの距離：地球の約19倍
公転周期：約84年

太陽から地球までの平均距離を
「天文単位」と表わすこともあるゾ。
1天文単位＝1億4960万kmじゃ

地球くん

ボクが
基準だよ〜

14

惑星ってどんな星？

惑星の重さ

　惑星は宇宙に浮かんでいるから重さはゼロ!? いえいえ、そんなことはありません。地球は、およそ 6000000000000000000000000kg もあります。いったいこれはどうやって量ったのでしょうか？ 地球上にあるものは、体重計などで簡単に量れますが、巨大な天体の場合は、そうはいきませんよね。そこで間接的に調べる方法を使います。

　たとえば、今あなたがハンマー投げのように重い鉄の塊（かたまり）をぐるぐると回しているとしましょう。あまりの重たさに体がぐらぐらとふらついてしまい、ゆっくりとしか回せないと思います。でも、体重の重い人が同じことをすると、もう少し速く回せるはずです。天体の場合も同じです。地球は太陽の重力に引かれて回っていますが、その回転するのにかかる時間を調べることで、太陽がどのくらいの重さなのかがわかります。太陽の重力が大きいほど回転は速いはずですね。地球の重さは、地球の周りを回る月の運動を観測することで調べています。月の重さも、現在では月に飛ばした人工衛星を用いて同じように調べることができます。このように、惑星に限らず天体の重さは、その周りを回る天体あるいは人工衛星の運動を観測することで調べることができるんですよ。

　ところで、体重 60kg の人が月では 10kg になるという話を聞いたことはありませんか？ 月の重力が地球の6分の1しかないからです。このように「重さ」は、量る条件によって変わってしまいます。そこで、惑星など宇宙にある天体の場合には「質量」で表わすことにしています。体重 60kg の人の身長や見た目が、月に行ったからといって小さくなったわけではないように、質量は物質そのものの量なので変化することはありません。先ほどの、6000000000000000000000000kg という値も、本当は地球の質量なんですよ。

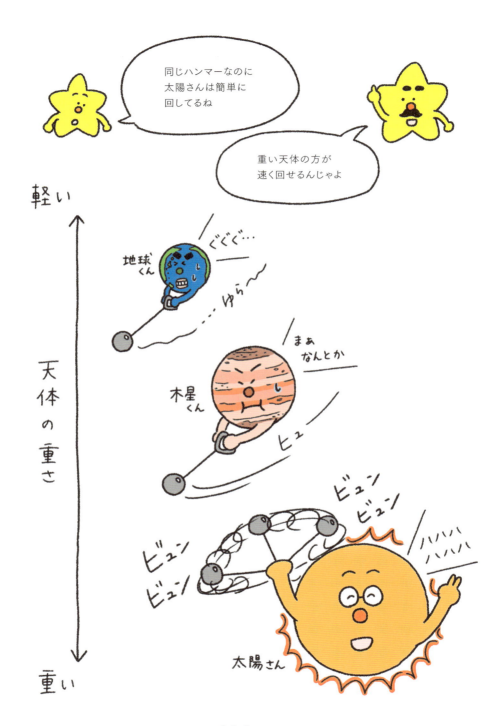

惑星ってどんな星？

惑星ナンバーワン くらべ

　個性豊かな太陽系の8つの惑星たち。それぞれが自分を「見て見て！」といっているみたい。いったいどこが目立っているのか、惑星のいろいろなナンバーワンを並べてみました。改めて見ると、みんなおもしろい特徴ばかり。どの惑星も、一つ一つがオンリーワンですよね。

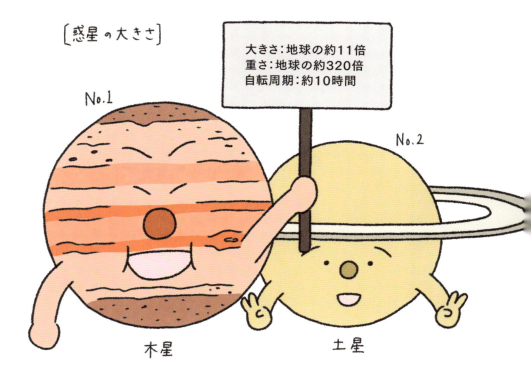

[惑星の大きさ]

大きさ：地球の約11倍
重さ：地球の約320倍
自転周期：約10時間

No.1 木星

No.2 土星

大きさナンバー1	木星。地球のおよそ11個分あります。
小ささナンバー1	水星。地球の5分の2。月の1.4倍しかありません。
重さナンバー1	木星。およそ地球320個分あります。
軽さナンバー1	水星。水星20個でようやく地球1個分になります。
一番ぎっしりしている惑星	地球。密度が一番大きく、ぎゅっと詰まっています。ちなみに2番は水星。一番小さく、一番軽くても中身は詰まっています。
一番ふわふわしている惑星	土星。密度が一番小さく、水に浮いてしまうほどです。
1日が一番早い惑星	木星。1日が10時間ほどしかありません。
1日が一番長い惑星	水星。地球の176日もかかります。
1年が一番早い惑星	水星。88日しかなく、水星の1日よりも短いんです。
1年が一番長い惑星	海王星。165年かかってようやく太陽を1周します。
自転が一番長い惑星	金星。243日もあり、ほかの惑星とは逆回転しています。
地上から一番明るく見える惑星	金星。もっとも明るいときは−4.7等級にもなります。
一番たくさんの衛星を持っている惑星	木星。2024年3月現在で発見されているのは72個。まだまだ見つかるかも。
一番横に傾いている惑星	天王星。ほぼ水平(太陽の周りを回る面に対して98度)に傾いています。ちなみに金星の傾きは177度。つまりほとんど逆立ちしています。
探査機が一番たくさん行った惑星	火星。水の氷も見つかりました。
生命に一番あふれる惑星	地球。やっぱり水と生命に富む惑星は私たちの地球!

惑星の名前の由来

16　惑星ってどんな星？

　金星はまさか金でできているわけじゃないだろうけれど、水星には水があるのかな？　なんて思ったことはありませんか？　そんな惑星の名前の由来について、まずは海外の例を見てみましょう。

　いろいろ説があるようですが、ある説によれば、ローマ神話の名前が付けられているようです。水星は伝令の神マーキュリー、金星は美の女神ビーナス、火星は戦いの神マース、木星は神々の王ジュピター、土星は土と農業の神サターン、天王星は天空の神ウラヌス、海王星は海の神ネプチューンです

　さて、日本で使われている名前は中国から伝わったもので、五行説にちなんで付けられたといわれています。五行説という思想は、簡単にいってしまうと、自然界や人間社会の現象はすべて木・火・土・金・水の5つの要素で説明できる、という考え方です。肉眼で見える惑星が5つあることは昔から知られていたので、五行説がうまく当てはまったのかもしれません。

　たとえば、水星はすばやく動くので水の要素（水星の動きについてはp.52を参照）、金星はキラキラ輝くことから金の要素、火星は赤いので火、土星はどっしりと動かないので土（5つの惑星の中でもっとも動きが遅い惑星です）、そして木星は残った木の要素と結びつけられたと考えられています。天王星・海王星は、望遠鏡が発明されたあとに発見された惑星ですから、先ほどの神様の名前を中国語に訳したものが日本に伝えられたといわれています。

　やっぱり金でできた金星ではなかったのですね。でも最近、水星にはまったく水がないわけでもなさそう、ということがわかってきました。詳しくは水星の項で紹介しましょう。

惑星ってどんな星？

曜日と惑星の関係

　一週間の曜日、月火水木金土日は、何かのよび名に似ている、と思ったことはありませんか？

　そう、曜日には惑星と月、そして太陽（日）に由来するよび名が付いています。でも、曜日と惑星ってどんな関係があるのでしょうか？

　火、水、木などの曜日の命名は、古代中国の五行説（p.42 参照）からきたものです。ただ、どのような理由で5つの要素を曜日にあてはめていったのかは、はっきりとわかっていないようです。ちなみに、もととなった中国では、現在は月曜日などというよび方はしていません。一、二、三、という数字をあてはめ、星期一（月曜日）、星期二（火曜日）、…とよんでいます。

　ところで、曜日の順番と実際の惑星の並び順は違っていますよね。これはなぜでしょう？

　古代エジプトでの考え方では、惑星は地球を中心に回っており（天動説）、地球に近い順から月・水星・金星・太陽・火星・木星・土星と並んでいると信じられていたのです。これら7つの天体は聖なるもので、遠い順番に時間を支配していると考えていました。

　1日を24等分して、最初の第1時に土星をあてはめ、第2時に木星、第3時、第4時、第5時…に、順に火星、太陽、金星、水星、月、また土星…とあてはめていくと、第24時は火星で終わります。第2日の第1時は太陽から始まり、また同じように繰り返していくと右の表のようになります。これが、現在の曜日の順番の起源だといわれています。私たちの生活にも、身近なところで惑星との関わりがあったのですね。

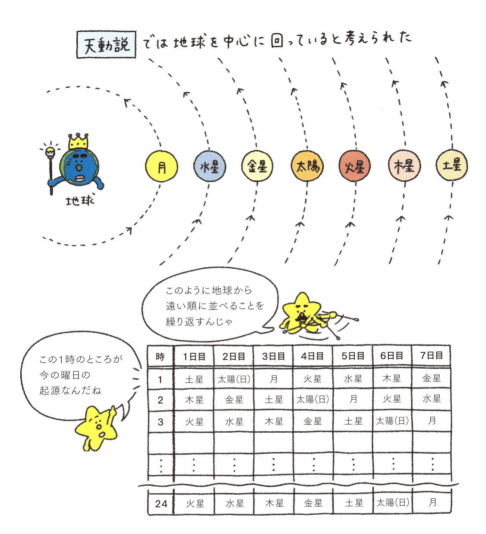

曜日はいつから続いている？

私たちが今使っている曜日は、なんとずーっと昔からズレることなく続いているものです。この日を○曜日とする、というような曜日の原点や法律があるわけではありません。日本に曜日が入ってきたのは、空海が中国から伝えたことによりますが、七つの曜日の文字が毎日連続して書かれている最初の文献は、藤原道長の日記「御堂関白記」で、これを見ると当時の曜日が今も続いているのがわかります。

18

惑星ってどんな星？

惑星以外の太陽系天体

　太陽系は、太陽を中心とした天体たちの集まりです。その代表選手が「惑星」です。その惑星たちの周りを回っているのが「衛星」。そして、惑星よりもちょっとひかえめな天体が「準惑星」です。さらに、惑星でも、衛星でも、準惑星でもない、そのほかの小さな天体を「太陽系小天体」とよびます。

　また、「小惑星」とよばれる天体があります。ほとんどが火星と木星の間に位置し、現在わかっているだけで60万個以上あります。小惑星は太陽系小天体の仲間ですが、ケレスという最大の小惑星だけは準惑星に分類されます。

　そして「彗星」も忘れてはいけません。別名をほうき星。彗星も太陽系小天体の仲間です。

　さらに、海王星よりも遠くにある天体を「太陽系外縁天体」といいます。ほとんどが太陽系小天体の仲間ですが、その中でもとくに大きなものを「冥王星型天体」とよび、準惑星に分類されます。2024年3月現在では、冥王星、エリス、ハウメア、マケマケの4天体があります。

　太陽系は、太陽をお母さんとする星の大家族といえます。とはいえ、太陽系全体の質量の99％以上を太陽が担っていることを知ると、いかに太陽の存在が大きいかがわかりますね。

※上記と右図は2024年3月現在の分類です

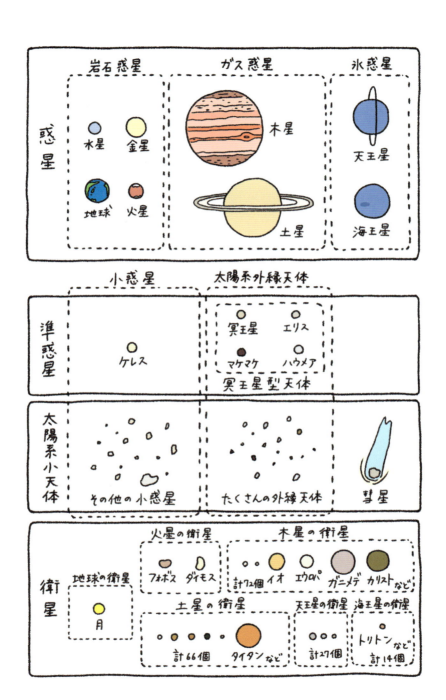

きほんミニコラム

惑星現象のきほん

　地球をはじめ、惑星たちは太陽の周りを回っているので、地球から見たときの惑星や太陽の位置や動きは日々変わっていきます。このような太陽と惑星と地球との位置関係や、惑星の見かけの動きを総称して惑星現象（または天象）といいます。ここでは、金星を内惑星（地球より内側を公転する惑星）の代表、火星を外惑星（地球より外側を公転する惑星）の代表として惑星現象を紹介します。

【内惑星】
内合：内惑星が太陽と地球の間にあるとき。
外合：内惑星が太陽の向こう側にあるとき。
最大離角：惑星と太陽の見かけの角距離が最大になるとき。太陽を基準にして東側は東方最大離角といって夕方西の空で観測しやすく、西側は西方最大離角といって朝方東の空で観測しやすい。

【外惑星】
衝：外惑星が太陽と反対方向にあるとき。ほぼ一晩中見えるので観察しやすい。
合：外惑星が太陽の向こう側にあるとき。
矩：太陽から90度離れたとき。太陽を基準にして東側を東矩、西側を西矩とよぶ。

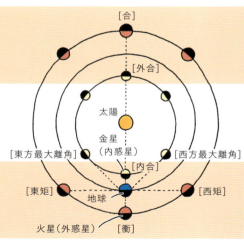

Chapter 2
内惑星と地球

地球より内側を回っている惑星が「内惑星」だよ

内惑星と地球

1日が1年よりも長い水星

　望遠鏡で水星を見ようと思っても、いつも太陽の近くにあるため、なかなか観測できるチャンスがありません。

　そんな水星の素顔を明らかにしてくれたのは、1974年に水星に接近した探査機マリナー10号と、2011年に水星に到達し周りを飛行しながら調査した探査機メッセンジャーです。

　探査機たちが送ってくれた写真には、まるで月のようにたくさんのクレーターで覆われた水星の表面が写っていました。水星ができたばかりのころの激しい隕石の衝突を物語っていたのです。水星には大気がほとんどないので、風も吹かなければ雨も降りません。そのため、過去にできた地形が今も残されていると考えられています。また、水星は地球の5分の2ほどの大きさしかない、太陽系でいちばん小さな惑星であるにもかかわらず、予想よりも密度が高いことがわかり、中心部には鉄がぎっしりと詰まっているのではないかと思われています。

　太陽にいちばん近いところを回っている水星は、太陽の強烈な熱を直接浴びて、昼間は400度以上もの灼熱の惑星となります。しかし、大気がほとんどないので、夜になると熱がどんどん宇宙に逃げてしまい、－200度近い極寒の世界となります。

　これだけで驚いてはいけません。なんと、その過酷な1日は、176日間も続くのです。水星は太陽の周りを2周する間に3回しか自転しません。そのため、水星では日の出から次の日の出までが水星の1年（88日）よりも長くなるのです。1日の方が1年よりも長いなんて、もし、水星に住んだら、どんな時間感覚で生活することになるのでしょう？

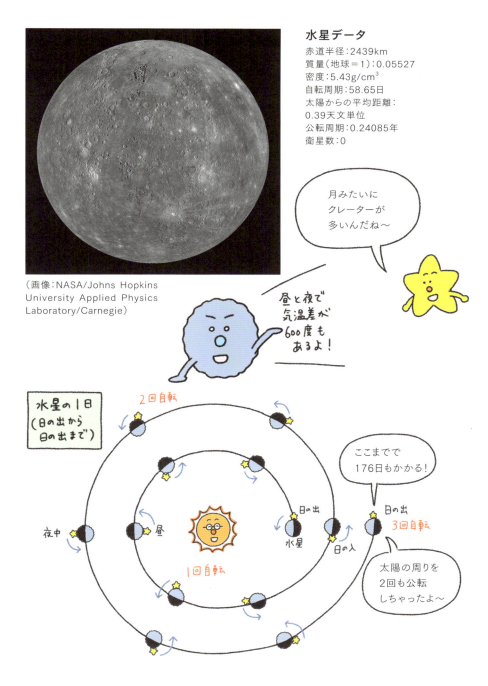

内惑星と地球

水星を見られたら自慢できる!?

　水星を見たことがある人は、ちょっと自慢してもいいかもしれません。だって、かの有名な天文学者のコペルニクスでさえ見られなかったという話があるくらいですから。本当にコペルニクスが見られなかったのかは定かではありませんが、水星を見つけるのは確かにむずかしいんです。

　水星は日の入り直後の西の空か、日の出直前の東の空に、ほんの少しの時間しか姿を見せません。水星は太陽の1番近くを回っている惑星。しかも、その動きの速さは惑星の中でピカイチ。水星の1年は88日しかありません。地上から観察していると、まるで太陽の近くをチョコチョコと動き回っているみたい。西洋では、水星を旅人の神様にたとえたほどです。

　また、太陽の近くにいるということは、地上から見ると太陽の手前を水星が横切ることがあります。水星の太陽面通過（日面経過）といって、水星の影を追うことができます。

　すばしっこいうえに、少ししか姿を見せない水星。皆さんはつかまえることができるでしょうか？

 水星をつかまえるのはいつがいい？

　水星を見つけやすいチャンスというのは、地上から見て水星が太陽から一番離れたとき。それが西方最大離角と東方最大離角です（p.48参照）。西方最大離角のときは夜明け前の東の空に、東方最大離角のときは日の入後の西の空に水星が見えます。国立天文台のホームページなどで調べてみて、水星を見るときの参考にしてみましょう。

水星の太陽面通過
水星が太陽の手前を通過していく様子を、時間を空けて撮影し、重ね合わせた様子。(写真：米山誠一)

21 内惑星と地球

水星は水で
できているの？

　名は体を表わす、といいますが、水星は文字どおり水がある星なのでしょうか？

　まず、見た目は月のようにデコボコのクレーターだらけ。そして、水星には大気がほとんどありません。そのため、太陽の光が直接当たる昼間は400度以上になるのに対して、夜は－200度の世界。この温度差は惑星の中で一番の寒暖。かなり厳しい環境みたいです。どうやら、水はなさそう…？

　いえいえ、あきらめてはいけません。水星は太陽を回る面に対して、ほぼ垂直に自転しているので、両極にあるクレーターのくぼんだところには、永久に太陽の光が当たらない場所があるかもしれません。つまりずっと－200度のまま。そこならば、氷として水があるかもしれないのです。

　ただ、調査をしようと思っても、水星は太陽の近くを回っているので、とても熱いなどの理由があり、なかなか探査機が行けませんでした。しかし、ついに2011年に水星に到着した探査機「メッセンジャー」によって、永久影(えいきゅうかげ)の存在が確認されました。さらに、その場所を調査した結果、氷の存在がかなり現実的になってきたのです。

　地上から見るのも、探査機で行くのもむずかしい水星。そこには未知なる部分がまだまだたくさん残っていそうです。

22 内惑星と地球

地球のもっとも近くにある金星

「星はすばる、ひこぼし、ゆうづつ…」

平安時代の清少納言は枕草子の中で星についてこのように書いています。ゆうづつとは夕方に見える金星「宵の明星」のことです。

「星といえばすばる。彦星や宵の明星も素敵…」と表現していたくらい、日本人は昔から金星を美しい星として親しんでいたようですね。

金星は、地球の1つ内側を回るお隣の惑星。地球から近く、大きさも密度も地球と同じくらい。双子の惑星などといわれることもあります。しかし、実際には地球と似ていないところがたくさんあります。

まず、地球の場合は窒素と酸素が大気を作っていますが、金星の大気は9割が二酸化炭素です。しかも量がとても多いので、地表の気圧は地球の90倍！ なんとこれは地球で水深約1000mまで潜ったのと同じです。高度60km付近には濃硫酸の雲が浮かび、金星全体を分厚く覆っています。地表の温度は500度近くもあり、水はありません。あったとしてもこんなに高温では蒸発してしまいますね。しかし、金星が誕生したばかりのころには海があったかもしれないと考えられています。

ところで、金星は太陽系の惑星で唯一、逆向きに自転しています。自転周期は243日、太陽の周りを回る周期は225日と、どちらも同じくらいですが、自転が逆向きなので、日の出から次の日の出まではその半分の117日です。このようにゆっくりと自転しているのにもかかわらず、自転スピードの60倍もの速さの風が吹き、たったの4日で金星を1周しています。

地球のすぐ隣の惑星なのに、なぜこんなにも環境が異なるのか…。その謎を解くために、2015年に金星に到達した日本の探査機「あかつき」が、金星を周回しながら観測に取り組んでいます。

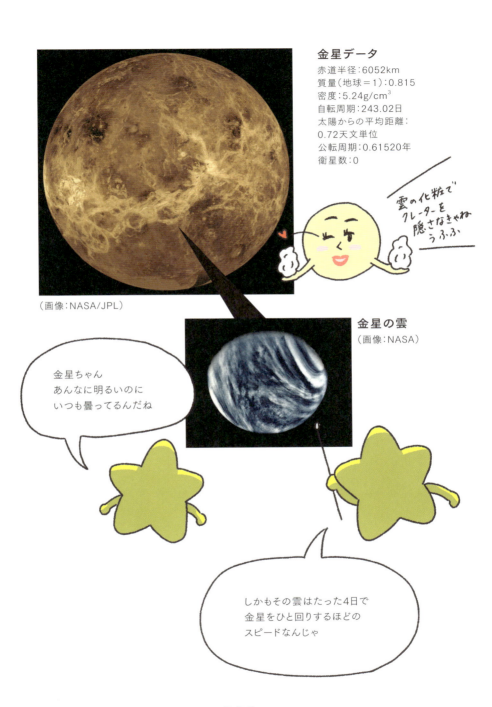

金星データ
赤道半径：6052km
質量(地球＝1)：0.815
密度：5.24g/cm^3
自転周期：243.02日
太陽からの平均距離：0.72天文単位
公転周期：0.61520年
衛星数：0

雲の化粧で
クレーターを
隠さなきゃね
うふふ

（画像：NASA/JPL）

金星の雲
（画像：NASA）

金星ちゃん
あんなに明るいのに
いつも曇ってるんだね

しかもその雲はたった4日で
金星をひと回りするほどの
スピードなんじゃ

内惑星と地球

一番星とは金星のこと？

「一番星みーつけたっ！」

　小さなころ、夕暮れの帰り道で西の空に輝く一番星を見つけると、不思議と幸せな気持ちになったものです。そう、誰よりも先に宝物を見つけたような…。星の輝きには人を惹(ひ)きつける力がありますよね。

　一番星の正体はきっと金星です。"きっと"というのは、いつも夕暮れに見えるとは限らないので、違う星が一番星になることがあるからです。

　金星は別名を「宵の明星」または「明けの明星」といい、古くから親しまれてきました。夕方の西の空に見えれば宵の明星。明け方の東の空に見えるときもあり、そのときは明けの明星となります。目で見える天体で3番目に明るい金星は、古代のギリシャの人は、宵の明星と明けの明星とをそれぞれを別の星として見ていたくらい印象深く輝いています。

　金星は夜中には見られません。金星は地球の内側を回る惑星だからです。しかも昼間は太陽の光がまぶしいので、夕方か明け方のわずかな時間しか金星は活躍できません。だからこそ、金星を見つけたときは、うれしさが大きいのかもしれませんね。

　皆さんもまずは一番星、探してみませんか？

「あの星は何だろう…？」

　そこから宇宙への扉が開くはずです。

右頁_夕暮れ空に輝く金星
オレンジ色に広がる黄昏の空に夜の帳が下りるころ、西の空には一番星の金星が輝いている。

24 内惑星と地球

昼間の金星を
探してみよう

　星は漆黒(しっこく)の夜空にキラッと輝くからこそ美しい…。いえいえ、夜だけではありません。昼間にも見える星があります。
　まずは、太陽。太陽だって立派な星です。
　次に見えるのが、月。昼間の月、見たことありますか？ 青空の中に白い月がときおり見えます。
　そして、金星。金星は肉眼で見える天体の中で、太陽、月に次いで3番目に明るく見える天体です。
　金星がこんなにも明るく見える理由は、おもに3つあります。
　まずはすごく近いということ。地球の一つ内側を回る金星は、地球に一番近付く惑星です。最接近時には4000万km近くまでやってきます。
　2つ目は大きいということ。金星は地球とほとんど同じ大きさです。地球の一つ外側を回る火星は地球の半分の大きさですので、金星の方が大きく目立って見えます。
　最後に金星には厚い雲があるということ。この雲が鏡の役目を果たして、太陽からの光を効率よく反射していたのです。
　昼間の金星を見るには、あらかじめこの辺りにありそうだ、ということを調べておいた方が無難(ぶなん)です。双眼鏡(そうがんきょう)や天体望遠鏡(てんたいぼうえんきょう)で見ると、はっきりわかるでしょう（このとき、太陽は絶対見ないように気を付けてくださいね）。まるで「ここにいるよ！」といわんばかりに、昼間の明るさに負けじとがんばっています。

金星の美しさの秘密

　空を見上げるとひときわ目立つ金星は、まさに女神ビーナスの名前にふさわしい美しい輝きを放っています。朝見ても、夕方見ても、やっぱり金星はきれいだな、としみじみ思ったりします。

　ところが、厚い雲の下にはとんでもない女神の秘密が隠されていました。この厚い雲の下には、濃い二酸化炭素の大気があります。二酸化炭素はどんどんと熱をこもらせて、金星の温度を上げていきます。地球でも環境問題となっている温室効果の金星版です。なんと金星の表面での温度は500度近くにもなります。

　また、厚い雲のために地上からは見ることのできなかった女神の素顔は、いくつかの火山や、溶岩の流れた跡の広がる灼熱の世界でした。さらに、金星の上空には秒速100mを超える強風が吹いていて、とても地球のすぐ隣の惑星とは思えない環境です。そんな金星の不思議な気象や環境を調べようと、日本の探査機「あかつき」ががんばっています。金星を詳しく調べて地球と比べることで、地球が生命あふれる星になった理由や、地球の気候変動を解明する手がかりが得られると期待されています。

　それにしても、金星の厚い雲の下にはすさまじい世界が待っていました。どうやら女神の姿は近くで見るより、地上から楽しんだほうがよさそうですね。

［金星ちゃんの化粧を落としてみると…］

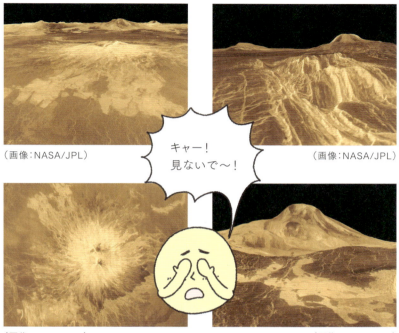

（画像：NASA/JPL）　　（画像：NASA/JPL）

キャー！
見ないで〜！

（画像：NASA/JPL）　　（画像：NASA/JPL）

（画像：NASA）

上の4つはマゼランが観測したデータをもとに作成された表面の様子。下は金星探査機ベネラが撮影した写真。手前にベネラ本体が写っている。

実はすごく
激しい地形…

内惑星と地球

満ち欠けも楽しめる金星

　太陽系は、まるで惑星たちの舞踏場です。太陽というスポットライトを浴びながら、惑星たちは踊るように回り続けています。

　どの惑星も、太陽に向いた側しか見えません。観客は地球にいる私たちです。惑星という役者を地球から見たとき、お互いがどこにいるかで、見え方が違います。半分だけ明るい部分が見えることもあれば、三日月のようにほんの少ししか見えないときもあります。これが、天体の満ち欠けです。満ち欠けと聞いて思い浮かぶ天体は、一番身近な月ですね。月は地球の周りを回っているので、とくに満ち欠けが顕著です。

　同じように、惑星も満ち欠けをします。金星は地球のすぐ内側を回っているので、満ち欠けをしながら、見かけの大きさも変わります。同じく地球より内側を回る水星も満ち欠けをします。地球の外側を回る惑星も満ち欠けをしますが、地球から離れれば離れるほど、その違いはごくわずかです。

　金星の満ち欠けは肉眼ではわかりませんが、天体望遠鏡で見るとよくわかります。三日月ならぬ、三日金星というところでしょうか。肉眼で見る金星とはずいぶん違った印象を受けますので、機会があればぜひ見てくださいね。

 火星も満ち欠けするの？

火星は地球の外側を回っていますが、まだ地球に近いので、ほんの少しだけ満ち欠けをします。しかし、さらに遠くの木星や土星などになると、満ち欠けがほとんどわかりません。探査機で近くまで行くと、欠けた姿が見られます。もちろん地球も満ち欠けをします。私たちが月の満ち欠けを見ているように、月面から地球を見ると、地球の満ち欠けがわかります。

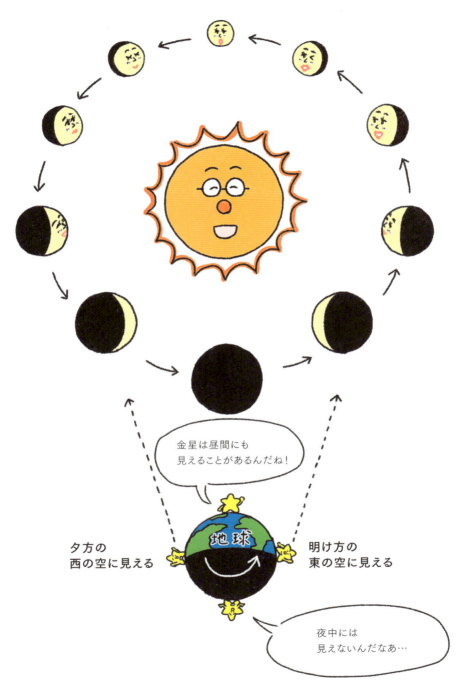

27 内惑星と地球

生命に満ちあふれた地球

　太陽系で唯一、表面に広大な海を持ち、生命に満ちあふれた水の惑星。それが私たちの住む地球です。

　大きさは直径 13000km ほど。太陽からおよそ 1 億 5 千万 km 離れたところを 1 年かけてひと回りしています。地球の周りには、約 38 万 km 離れたところを衛星「月」が回っていて、月の存在が生命の誕生に一役買っているともいわれています。

　そして、多くの生き物の生存に欠かせない大気が地球をやさしく包んでいます。大気の層は、地球の直径に比べると、わずか約 8% の厚みしかありませんが、太陽から降り注ぐ有害な紫外線などから私たちを守ってくれています。こんなに薄い大気層の中で、風が吹いたり雨が降ったり、いろいろな気象現象が起き、その中で私たちが生活しているんですね。

　また、地球はそれ自身が生きた惑星ともいえます。日本人にとって活火山や地震は身近なものですが、これも地球が生きていることの証です。実は、足下の地面も日々少しずつ動いているのです。地球の内部は、ドロドロに溶けたマントルが対流していて、その上に乗っている海底や大陸は、その動きによって少しずつ移動しています。今ある陸地の形は、約 46 億年という長い地球の歴史に比べたら、ほんのひとときの姿に過ぎません。

　ところで、最初の生命は海の中で誕生したと考えられています。できたばかりの地球大気には、紫外線を防ぐオゾン層がなかったからです。やがて海中に藍藻類が増え、たくさんの酸素を作り出し、酸素からオゾンが作られました。そして、陸上でも生物が生きられるようになったのです。海の存在はとても偉大ですね。

地球データ
赤道半径：6378km
質量（地球＝1）：1
密度：5.51g/cm³
自転周期：0.9973日
太陽からの平均距離：
1天文単位
公転周期：1.00004年
衛星数：1

（画像：NASA）

表面の7割が
海に覆われているよ

今のところ
生命が確認されている
唯一の星なんです

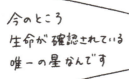

地球の大気
青く見える薄い層が地球の大気。（画像：NASA）

 月くん

ボクの影響による
潮の満ち引きが
生命に進化を
もたらしたとも
いわれてるんだ〜

内惑星と地球

地球の昼と夜

　朝、太陽は東から昇り、夕方、西へ沈みます。これは地球が生まれてからずっと繰り返されてきたできごとです。そこから、私たちは「1日」という時間の長さを知ることができます。今日の自分を振り返って、明日を思い描く。こんなことができるのも、宇宙のめぐりのおかげといえるかもしれませんね。

　昔の人は、空を見上げて、地球を中心に太陽や星が動いている、と考えていました（これを天動説といいます）。しかし実際には、太陽を中心に私たちの地球が動いていたのです（これを地動説といいます）。

　地球はコマのように自転をしています。ほぼ24時間でぐるりとまわって1日。地上にいては思いもしなかったことです。これは、電車の窓から風景を見ているときを想像するとわかりやすいかもしれません。電車が走り出すと、どんどんと風景が後ろに流れていきます。でも、これは風景が動いているのではありませんね。動いているのは電車の方です。同じように、私たちは地球という宇宙船に乗っていて、空という窓を通して広大な宇宙の風景を見ているわけです。

　さて、昼と夜の様子は世界各地で変わります。たとえば、北極近くでは、いつまでたっても太陽が沈まず、夜がやってこない日があります。これを白夜といいます。反対に、南極近くに行ってみると、1日中太陽が昇らない日があって極夜といいます。半年経つと、白夜と極夜は入れ替わり、今度は北極付近が極夜になります。

　このように地球のどこにいるかによって、昼と夜の様子はずいぶん変わってきます。この原因は、地球の地軸が公転面に対してちょっとだけ傾いているためですが、このお話は70ページで紹介します。

内惑星と地球

地球に季節があるのはなぜ?

　皆さんはどの季節が一番好きですか？ ちなみに私は、空気が澄んでいて星の輝きがステキな冬が一番好きです。
　ところで、どうして季節の変化が起こるのでしょう？
地球は自転をしながら、およそ365日かけて太陽の周りをぐるっと回る「公転」をしています。このとき、地球の自転軸は、太陽の周りを回る面（公転面といいます）にまっすぐではなく、ちょっとだけおじきをしています。その傾きは23.4度。これによって太陽の高さと見えている時間が毎日少しずつ変化します。

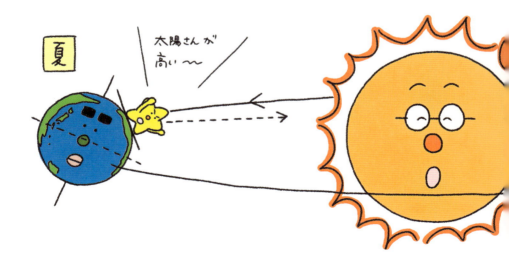

夏の太陽は早起きです。昼間は高いところからじりじりと地面を照らしつけ、なかなか沈みません。一方、冬の太陽は日の出が遅く、低いところからじわーっと光が差し込むので、あまり暖まりません。そして、あっという間に沈みます。こうして太陽の高さと、昼と夜のバランスが少しずつ変わっていき、季節の変化が生まれます。

　もし、自転軸がきちんとまっすぐに立っていれば、季節の変化は起きませんでした。自転軸がこのように傾いたのは、生まれたばかりの地球にさかのぼります。そのころは、たくさんの天体が地球にぶつかってきました。そのときの衝突の勢いで自転軸が傾いたといわれています。

　ちなみに、火星もおよそ25度だけ自転軸が傾いているため、季節の変化があります。ただし、火星には植物がないので、秋にはきれいな紅葉が…なんてことにはなりません。移りゆく季節の変化が楽しめるのも、地球のすばらしいところですね。

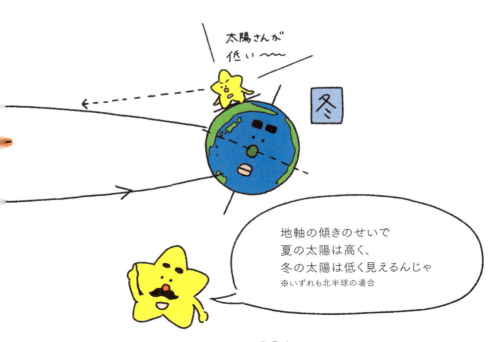

地軸の傾きのせいで
夏の太陽は高く、
冬の太陽は低く見えるんじゃ
※いずれも北半球の場合

30

内惑星と地球

なぜ地球だけに生命が存在するの?

　私たちが知るかぎり、今のところ生命が存在している星は地球だけです。どうして地球にだけ生命が存在できるようになったのでしょうか?
　まず、生命が誕生するのに一番必要なものは何でしょう? 答えは水です。それも液体としての水が必要です。そのために太陽からは近過ぎても、遠過ぎてもいけません。いつも液体の水が存在するような、安定した環境が必要です。金星は太陽に近過ぎ、火星は遠過ぎました。その間にある地球は暑過ぎも寒過ぎもなく、ちょうどよい温度だったのです。
　ちょうどよいのは、地球の大きさについてもそうです。多くの生命には大気が欠かせません。地球には、やさしく包み込んでくれる大気の存在があります。地球の約半分の大きさの火星は重力が小さいため、大気

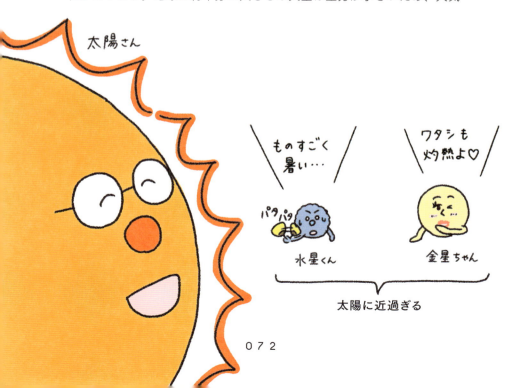

を宇宙へ逃がしてしまいました。逆に地球がもっと大きかったら、周りのガスを集め過ぎて、木星のようなガス惑星になっていたでしょう。

　さらに、地球だけでなく、周りの天体も関係します。まずは一番身近な月。月が地球の自転軸を安定させています。また、潮の満ち引きも月のおかげ。潮の満ち引きで作られた潮だまりから生命のもととなる有機物が作られたという仮説があることを考えると、これもなくてはならないものでしょう。遠くてなかなか気付きませんが、木星も大切です。木星は太陽系の惑星の中で一番大きい、いわば惑星の兄貴分。木星はその強い重力で、太陽系の外側からやってくる小天体を引き寄せてくれます。地球にもいくつかの天体がやってきました。恐竜を絶滅させたのも隕石などの小天体の衝突といわれています。太陽系の門番である木星が、このような大衝突の回数を減らしてくれたのです。

　このようなたくさんの条件が重なって地球に生命が誕生し、人間をはじめ、多くの生命が暮らしています。かけがえのない私たちの地球、いつまでも大切にしていきたいですね。

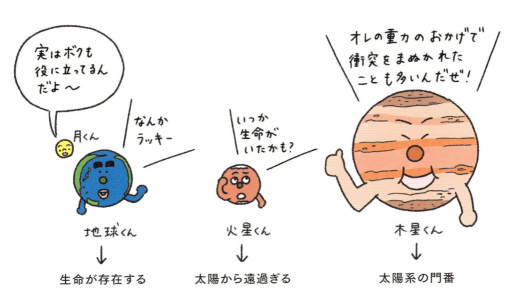

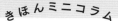

オーロラの神秘

　光のカーテンとも称されるオーロラは、いつの時代も人々の心をとらえてやみません。オーロラが発光するしくみは、蛍光灯とよく似ています。太陽から飛んできた電子が地球の大気にぶつかり、酸素や窒素といった気体にエネルギーを渡します。気体はそれを光として吐き出します。これがオーロラの光です。電子の流れは、太陽と地球の状態によって刻々と変化するので、オーロラもさまざまな姿を見せてくれます。

　オーロラは地球だけではなく、ほかの惑星でも見られます。土星や木星では、地球と同じようにそれぞれの北極や南極付近で見られますし、天王星や海王星は磁気の関係から惑星のさまざまな場所で見られるようです。最近では、火星に残っていたわずかな磁気がかすかなオーロラ（もどき？）を引き起こしているという発見もありました。

　オーロラは私たちにも深い関係があります。実は、太陽から飛んでくる電子はエネルギーが高く、生き物にはとても危険です。地球は、それらを磁気のバリアで防いでいます。しかし、地球の北極と南極近くにはバリアが少し空いているところがあって、そこに電子が流れ込んできます。そのため、大気が第2のバリアの役目を果たし、電子のエネルギーを受け止めているのです。ですから、生き物は安心して地上で暮らせます。そのエネルギーのやりとりがオーロラだったのですね。

　オーロラが見えるということは、私たちがこの星で生きていける証拠、地球が私たちを守ってくれているという大切な証拠なのです。

Chapter 3
外惑星

地球より外側を
回っている惑星が
「外惑星」だよ

外惑星

赤く輝く火星

　皆さんは、夜空でひときわ赤く輝く火星を見て、どんな印象を持ちますか？ 昔の人は、不気味に赤く光る火星を不吉な惑星だと思っていました。ローマ神話でも、戦いの神の名が付けられています。

　火星は、地球の一つ外側を回る惑星で、大きさは地球の半分ほど。1日の長さは地球と同じくらいですが、太陽からの距離は、地球よりも1.5倍遠いので、1年と10ヵ月半ほどかけて太陽の周りを1周します。

　さて、火星の象徴ともいえる赤い色は、地面の色。火星の大地は、まるで乾いた砂漠のように赤い砂や岩石で覆われています。中に含まれる鉄分がサビて、赤サビのようになっているからです。望遠鏡で見てみると、黒っぽいところもありますが、これはまだサビていない地面があるところです。

　このように火星の地面を地上の望遠鏡で直接見ることができるのは、火星の大気がとても薄いから。気圧は地球の100分の1ほどしかありません。わずかにある大気のほとんどは二酸化炭素ですが、さすがの温室効果ガスも、こんなに少ないと火星を暖めることはできません。昼間に温度が上がっても、夜にはすっかり冷えてしまい、平均気温は赤道付近でも－50度ほどです。

　ところで、地球には月が1つ周りを回っていますが、火星には2つの小さな衛星、フォボスとダイモスが回っています。もともと小惑星だった天体が火星の引力につかまって衛星になったと考えられています。おもしろいことに、火星から見るとダイモスは東から昇って西へ沈みますが、フォボスは西から昇って、空を速く横切り東へと沈んでいきます。これは、フォボスが火星の自転スピードよりも速く火星の周りを回っているからです。

火星データ
赤道半径：3396km
質量（地球＝1）：0.1074
密度：3.93g/cm³
自転周期：1.026日
太陽からの平均距離：
1.52天文単位
公転周期：1.88085年
衛星数：2

（画像：NASA/JPL/USGS）

南極と北極にドライアイスでできた「極冠」があるよ

火星では動きの異なる2つの月が見られるんじゃ

へ〜スピードが違うね〜

やぁフォボスくん 相変わらず速いね〜

また会ったね！今日はもう2回目だよ！

ダイモス
30時間かけて火星を1周する

フォボス
8時間で火星を1周する

外惑星

32 火星観光ツアーに出かけよう

　それでは、今から皆さんを火星の観光ツアーにお連れしましょう。

　未来の火星観光バスに乗りまして、しばらくは赤い砂漠のような荒涼（こうりょう）とした風景の中を進みます。この辺りは火星の赤道付近で、アマゾニス平原とよばれています。赤い土は鉄の赤サビでできており、黒い岩石もむき出しになっています。遠くに曲がりくねった谷が見えています。大昔に水が流れた跡といわれて、詳しい調査が行なわれています。

　さて、目の前に見えてきたのが太陽系一高い山、オリンポス山です。その高さ、なんと2万5000m！ 富士山を6個重ねてもまだ足りません。山の裾野（すその）の広がりは600kmを超えるほど。以前は火山活動もあったと

いうのですから、なんともダイナミックです。オリンポスという名前はギリシャ神話に登場する神々が住む伝説の山。確かに、山の頂ははるか天まで届きそうな感じがします。

　ところが、山だけで驚いてはいけません。続いて見えてきたのが、太陽系一深い谷、マリネリス峡谷(きょうこく)です。幅40km、深さ7000m、全長5000kmにもなる地殻変動(ちかくへんどう)によってできた大峡谷で、アメリカ大陸を横断するほどの広がりがあります。

　それでは、さらに北に移動しましょう。突然、周りの景色が白くなってきました。火星の北極地方には氷の世界が待っていました。「極冠(きょくかん)」とよばれるところで、ドライアイス（二酸化炭素が凍ったもの）や水の氷でできているようです。

　火星は山あり谷あり、氷ありの興味深いところがたくさんありそうですね。今回の火星観光ツアーはこれでおしまいです。またのご利用をお待ちしております。

 ## 火星の不思議な岩

火星には高い山や谷もあれば、不思議な形をした岩も見つかっています。上空から見ると、まるでハートや人の顔のよう。人面岩とでもいうのでしょうか。また、名前が付いている岩もあります。これはNASAの火星探査機が着陸した際、見つけた岩に名前を付けているそうですが、その中には「すし」や「さしみ」など、日本由来の名前もいくつか。NASAの人はよほど日本食が好きなんでしょうか。ともあれ、日本の食べ物が火星の岩に刻まれるとは、NASAも粋なことをしたものです。

外惑星

火星のお天気模様

「火星の天気予報をお知らせします。今日の火星は晴れで、一面に赤い空が広がるでしょう。ところによって砂嵐(すなあらし)となりますが、午後には収まり、夕方にはきれいな青い夕焼けが見られそうです。気温は-60度と平年よりやや低くなりそうです。お出かけの際には厚めの宇宙服をお忘れなく」

…なんていう天気予報が将来聞けるかどうかはわかりませんが、火星の天気はなんだかおもしろそうです。

空はだいたい晴れています。雲がかかることはありますが、雨は降りません。ときどきひどい砂嵐が起きます。地球から見ても火星の模様が変わってしまうほど。

そしておもしろいことに、火星の夕焼けは青色です。昼間は赤い空、夕焼けは青。地球とは逆ですね。これは、火星の大気中には砂ぼこり(チリ)がたくさん舞い上がっているためです。

火星は地球よりも太陽から遠いので、気温も低く、ほとんどマイナスの世界。それでも、わずかながら火星にも季節の変化があります。夏には15度になることもあり、北極にある極冠の融けていく様子が地球からも観測されます。

火星の赤い空
火星探査車オポチュニティが撮影した火星の様子。赤い大地と赤い空が広がっている。
(画像:NASA/JPL-Caltech/Cornell Univ./Arizona State Univ.)

火星の夕焼け
太陽が火星の地平線に沈むころ、空が青く染まっていくのがわかる。（画像：NASA/JPL/Texas A&M/Cornell）

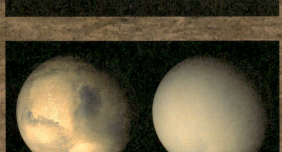

火星の砂嵐
左が通常の火星、右が砂嵐が起こったときの火星。砂嵐のために表面の模様が見えない。（画像：NASA/JPL/MSSS）

外惑星

火星人はいるの？

「火星にたくさんの溝を発見！」

1877年、イタリアのミラノ天文台長のジョバンニ・スキャパレリがこんな発表をしました。スキャパレリは火星全体に広がる黒い線上の模様を発見したのです。スキャパレリはそれらを溝と表現しました。それがいつしか「溝」という言葉が「運河」に取って代わり、運河を作るほどの高度な文明を持った火星人がいるかもしれない…という憶測が膨らむようになりました。

アメリカのパーシバル・ローウェルはこの運河の話に夢中になり、私財を投げうって天文台を作り、火星観測に没頭しました。そして1894年、ローウェルは「火星にあるたくさんの線は運河で、高度な文明を持つ火星人が作った」とまで発表したのです。その後、いろいろな火星人の姿が生まれては消えていきました。

ところが、20世紀後半に入り、火星探査機から送られてきた映像には、タコの姿をした火星人はおろか、生命の存在すら確認されませんでした。運河と思われていたものは、火星の土の色が異なっていた部分で、水も流れていませんでした。

火星には生命が存在しないのでしょうか？

いいえ、結論を出すのは早過ぎます。水の流れた跡が見つかったり、極冠には水の氷があります。水の近くには何かが潜んでいてもおかしくありません。探査機による調査は現在も続けられています。

生命に期待が持てる火星だからこそ、地球からわずかな微生物でも生命を持ち込まないよう、細心の注意を払います。外国から持ち込まれた外来種が日本固有の生物を脅かす話はよく耳にしますが、地球からの外来種が火星の環境を汚染しないようにすることも、とても大切なのです。

外惑星

火星に住んでみよう

　火星にまだ行ったこともないのに住む話をするのは、夢のまた夢のように聞こえるかもしれませんが、ちょっとまじめに考えてみましょう。

　火星は荒涼とした大地が広がる星です。水はなく、大気も薄いので、とても人の住める場所ではありません。ところが調べてみると、水の流れた跡や、水があることでできたと思われる物質が発見されたことで、大昔には水があって、現在は地下に氷として水が残っている可能性が出てきました。

　一般に、生命の住めない惑星を、地球のような生命が住める星に変えることを「テラフォーミング」といいます。今のところ、太陽系では火星が比較的地球に似ていて、地球に近いということで、テラフォーミングの第一候補となっています。

　また、住むとなると食事も必要です。すでに火星や宇宙空間で植物を栽培（さいばい）するための研究は始まっていて、火星の土壌（どじょう）で育つ植物を開発している研究者もいるようです。

　NASAは2030年代には人間を火星に送り込むと発表しています。そのために、まずは地球と月の間に宇宙基地を作って、そこから火星を目指すようです。そう考えると、やっぱり火星に住めるのはまだまだ先かも。

　でも、振り返ると人が宇宙に行くことすら夢だった時代だってありました。それが今では宇宙旅行が身近になりつつある時代です。今、子どもの方が大人になるころには、もしかしたら宇宙基地が完成していて、いよいよ火星に向けて出発！　というニュースを目にするかもしれませんね。

火星のテラフォーミング計画

火星では温度を上げることが大切です。宇宙に巨大な鏡を作って太陽の光を反射させる方法や、黒い物質を火星にばらまいて表面を黒くすることで暖めるなど、いくつかの方法が考えられています。また、火星を暖めることで極冠にあるドライアイスが融けて二酸化炭素の大気が生まれます。これが温室効果を生み出して、さらに火星が暖かくなるとも考えられています。

外惑星

36 火星の大接近を見よう

　2003年8月、火星が地球に大接近し、話題になりました。もちろん、地球に衝突するほど近付いたわけではありませんが、約6万年ぶりの大接近などと騒がれたりもしました。

　でも、地球と火星の接近は、実はそれほど珍しいことではないのです。地球は火星の内側をより速く公転しているので、約2年2ヵ月ごとに火星を追い抜き、そのたびに接近するからです。しかし、地球の公転軌道がほぼ円であるのに対して、火星は少しつぶれた楕円を描くように公転しているため、お互いの軌道と軌道の間の幅が場所ごとに異なります。そのため、どの場所で接近するかによって、約5600万kmにまで近付く「大接近」から、約1億kmまでしか近付かない「小接近」まで、およそ2倍の差があるのです。

　ちなみに、8月から9月ごろに地球が火星を追い抜くと「大接近」となり、それは15年から17年ごとに起きます。ただ、毎回同じ条件で大接近するわけではないので、近付く度合いが微妙に異なります。6万年ぶりの大接近というのは、2003年よりも近付くときを調べたら、そこまでさかのぼらないとなかった、というわけです。

　さて、次の接近は2025年1月12日です。接近といっても、その日だけとか数日間の短い現象ではなく、1、2ヵ月はとても明るい火星が見られます。もし、望遠鏡で火星を観察するなら、やはり大きく見える接近したときがおすすめです。火星はもともとが小さい惑星なので、同じ望遠鏡で木星を見たときの半分以下の大きさにしか見えませんが、目が慣れてくると表面の模様も見られます。

火星接近表

最接近日	最接近時の火星までの距離	どこに見える?
2025年1月12日	9,608万km	かに座、ふたご座で−1.3等
2027年2月20日	1億142万km	しし座で−1.2等
2029年3月29日	9,682万km	おとめ座で−1.3等
2031年5月12日	8,278万km	てんびん座で−1.7等
2033年7月5日	6,328万km	いて座で−2.5等
2035年9月11日	5,691万km	みずがめ座−2.8等

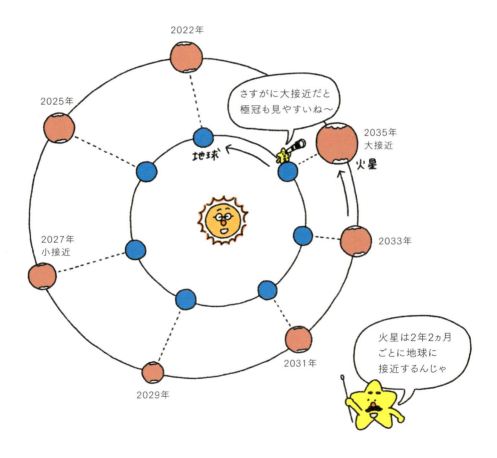

37

外惑星

ガスでできた巨大な木星

　木星の特徴は、なんといってもその大きさでしょう。

　木星は太陽系で一番巨大な惑星です。その直径は約14万km。地球の直径の11個分もあります。重さ（質量）も太陽系の惑星で一番！ 地球の約320個分もあります。木星以外の惑星を全部足しても、木星の重さの半分にもなりません。さながら惑星の親分といったところでしょうか。

　えらい親分には子分がたくさんつきますが、木星はその強い引力で72個（2024年3月現在）もの衛星を引き連れています。このように巨大な木星ですが、その大きな体はなんとたったの10時間ほどで自転しています。また、太陽からの距離は地球の5.2倍と遠く離れているので、約12年かけてゆっくりと太陽の周りを公転しています。

　さて、もう一つの木星の特徴といえば、表面の模様です。皆さんは木星を望遠鏡でのぞいてみたことはありますか？ 小型の望遠鏡でもうっすらと何本か縞模様があるのがわかります（詳しくはp.92参照）。探査機が撮影した画像を見ると、もっと細い縞や、縞の色の違い、縞の中の細かい模様など、いろいろな構造があることがよくわかります。また、縞以外にも、地球の台風のような渦巻き模様もいくつかあります。とくにいちばん大きい渦は大赤斑です。

　ところで、太陽系の惑星で一番重たい木星ですが、実は、中身はそれほどぎっしりと詰まっていません。中心部には岩石などでできた固い核があるかもしれませんが、大部分がガスでできた巨大ガス惑星です。そのため、密度は惑星の中で3番目に小さいんですよ。

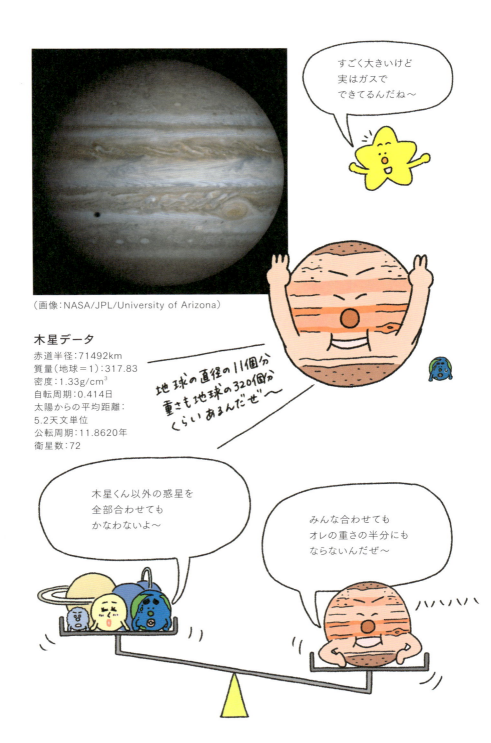

38 外惑星

木星はなんで そんなに大きいの？

　太陽系の惑星の中でも、どうして木星はこんなにも大きくなれたのでしょうか？

　実は、まだよくわかっていません。惑星が大きくなれるかどうかは、惑星のもととなる材料が周りにたくさんあるか、そしてその材料をたくさん集めることができるかどうかがおもなポイントです。

　今のところ、研究者たちはこんなふうに考えています。

　16ページでも触れましたが、惑星は太陽の周りを円盤状に取り囲むガスやチリの中から誕生しました。火星から内側の領域では太陽の熱で水は蒸発し水蒸気になってしまいます。一方、木星から外側の領域はとても冷たいところなので、水は氷のチリとなり、これも惑星の材料となりました。つまり、木星の周りには材料がたくさんあったんですね。そのおかげで、木星、土星、天王星、海王星は固体部分がどんどん大きく成長し、地球の何倍もの大きさになりました。

　ただ、成長のスピードは外側ほどゆっくりで、先に大きくなった木星がその強い引力で周りのガスをどんどん取り込んでいきました。円盤の中のガスはいつまでもあるわけではありません。ある程度、時間がたつとなくなってしまうのです。ガスが消えてしまう前に木星は早くたくさんのガスを集めることができたので、巨大なガス惑星になれたのではないか、というのが今考えられているストーリーです。

　ところで、木星が集めたガスはおもに水素やヘリウムです。同じ円盤から誕生した太陽も水素やヘリウムでできている恒星です。もし、木星がもっとたくさんのガスを集めていたら、自ら光を放つ恒星になっていたかもしれないといわれています。

外惑星

木星の縞模様は巨大な雲!?

「わー、ほんとだ。木星の縞模様が見える!」
　自分の目で望遠鏡をのぞいて縞が何本か見えたときは、思わず感動を口にしてしまいますよね。
　木星の特徴である縞模様は、実は木星の雲が作り出しているんです。ただ、地球のような水の雲ではなくて、流れているのはアンモニアの雲。でも、雲なら地球にもありますよね。どうして木星の雲は縞模様になっているのでしょうか?
　それは、木星の自転スピードがとても速いからです。そのため、木星には東西方向に強い風が吹き、それに沿って流れる雲が模様を作り出しているのです。雲ですから、長期間観察すると模様がどんどん変化していくのがわかります。
　また、縞模様には白や赤、茶色などさまざまな色があります。雲が上昇しているところでは白っぽく、雲が下降しているところでは茶色っぽく見えています。この上昇・下降という動きによって、それぞれの雲の成分や、太陽の光の反射の仕方が異なるので、色に違いができるのではないか、と考えられています。
　このような興味深い雲についてもっと深く知るため、2011年にNASAは木星探査機ジュノーを打ち上げました。約5年の長旅の末、木星の上空に到着したジュノーは、木星の周りを回りながら雲の様子を調べています。驚いたことに、南極・北極には見慣れた縞模様はなく、地球サイズの大きさの渦巻きがたくさんあることがわかりました。
　どのようにして嵐のような渦が作られるのか、また新たに湧いた疑問に研究者たちは頭を悩ませています。ジュノーの探査は2025年9月まで続く予定です。今後どんな発見があるのか楽しみですね。

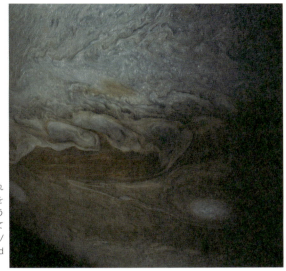

木星の不思議な
マーブル模様
木星の激しい大気の流れが波のようにうねった雲を作り、まるで芸術作品のような美しい模様を生み出している。（画像：NASA/SWRI/MSSS/Gerald Eichstadt/Sean Doran）

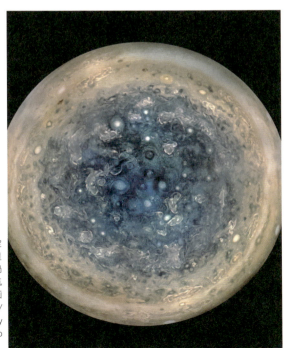

木星の南極の様子
木星探査機ジュノーが上空5万2000kmから見た木星の南極には、いくつもの渦がひしめき合う複雑な大気の様子が写っていた。（画像：NASA/JPL-Caltech/SwRI/MSSS/Betsy Asher Hall/Gervasio Robles）

外惑星

木星の赤い目玉の正体

　木星には、大きな赤い目玉のような模様が見えます。これを大赤斑といいます。名前だけを聞くと、大盛りのお赤飯みたいですね。

　この大赤斑の正体は特大の嵐です。地球の台風とは異なり、上昇気流の大気が渦を巻いています。ただし、惑星で一番大きな木星だけあって、嵐のスケールもケタが違います。大赤斑は太陽系最大の嵐で、なんと地球がすっぽり入るほどの大きさ。300年前からすでに発見されていますが、まだまだ活発で、これから1万年は続くといわれています。威力もすさまじく、大赤斑の風速は秒速150m以上！ 地球の台風は秒速25mで暴風域となることを考えると、ものすごい嵐です。不思議と南北には移動せず、東西にしか動きません。

　また、木星には大赤斑以外にも小さな渦のような斑点がいくつかあり、これらはすべて木星の嵐です。大赤斑のような赤い嵐（赤斑）だけでなく、白色の嵐（白斑）もあります。大赤斑が赤い理由はまだはっきりとはわかっていませんが、その威力の違いが秘密のカギを握っているようです。大赤斑の威力は強いので、木星の大気を上空まで巻き上げ、大気中のリンが太陽の光にさらされ、赤く化学変化するのではないか、といわれています。

　大赤斑は地上の望遠鏡で見ることができるので、古くからこの目玉はよく知られていました。しかし、大赤斑がどうやってできたのか、どうしてずっと続いているのかなど、現在もわからないことがたくさんあります。

木星の大赤斑
赤い大きな目玉模様が大赤斑。大赤斑の下には白斑も見えている。(画像：NASA/JPL)

大赤斑は
ボクがすっぽり入る
大きさだよ

外惑星

最新木星探査

　木星にはいくつかの探査機が訪れ、地上からはわからないびっくりするような世界を見せてくれました。そんな様子を振り返ってみましょう。

　最新といいつつ、まずは過去の木星探査から。1979年に木星付近を通過したボイジャー1号と2号が、木星の環を見つけました。地上の望遠鏡では見えないくらい非常に細い環でした。模様といえば、1994年にシューメーカー・レヴィ第9彗星が木星に衝突した跡も印象的でした。多くの望遠鏡で確認されましたが、このとき木星の周りを回っていたガリレオ探査機も、鮮明な姿をとらえています。ガリレオ探査機は木星本体に小型の突入機を送り込んで、木星の雲や大気の様子を直接調べています。木星の表面はものすごい熱と放射線がある危険地帯。ガリレオ探査機は果敢に挑戦して、多くの成果をあげました。

　そして2016年、木星に到着したジュノー探査機が思いもよらない世

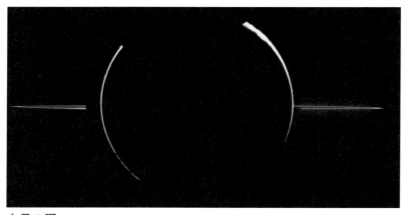

木星の環
（画像：NASA, JPL, Galileo Project, (NOAO), J. Burns (Cornell) et al.）

ジュノーが撮影した木星の南半球の様子。南極付近は縞模様ではなく、青色の複雑な渦巻模様をしているのがわかる。(画像：NASA/JPL-Caltech/SwRI/MSSS/Gerald Eichstädt/Seán Doran)

界を見せてくれます。ジュノーが木星の南極付近を観測すると、青みがかった渦巻きがたくさん見つかったのです。いつもの赤い木星ではなく、青い木星にかなりびっくりです。まるで水彩画のマーブリングを思わせる模様なんて、宇宙のアートともいえるくらい芸術的な姿ですよね。

　予定では、ジュノーはガリレオよりもさらに内部に入り込んで調べるようなので、まだまだ木星の新たな一面が見られそうです。

42 個性あふれる ガリレオ衛星

外惑星

　1610年、ガリレオ・ガリレイが望遠鏡を使って木星の周りに4つの衛星を発見しました。これらを「ガリレオ衛星」といいます。これは人類が望遠鏡で発見した最初の天体ともいえます。

　ガリレオ衛星はそれぞれおもしろい特徴を持っています。個性あふれるガリレオ衛星の素顔を見てみましょう。

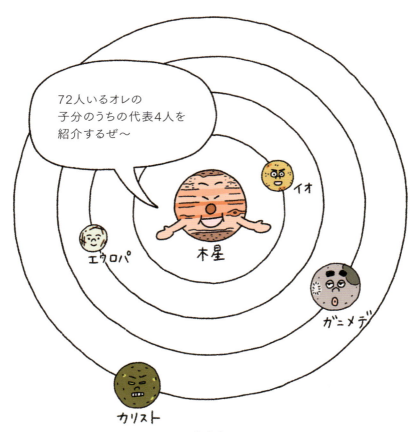

活発に溶岩が噴き出す火山衛星
イオ

月よりもひと回り大きく、4つのガリレオ衛星の中でもっとも木星の近くを回る星。およそ42時間で1周する。太陽系の天体の中でも珍しく、活発に活動をしている火山があり、硫黄の溶岩が高さ数百kmまで噴き上がる。このような活動は木星の重力の作用で、内部の熱エネルギーが上がるためといわれている。火山ガスは宇宙空間に舞い上がって、木星のオーロラを作り出す原因の一つとなっている。ちなみに、イオの地形にはパテラ（噴火口）、フルクトゥス（溶岩流）のように火山に関するものがたくさん。さすが火山の星！（画像：NASA/JPL/University of Arizona）

イオの火山

2つの火山が噴火しているのがわかる。1つは左端の青白い部分で、噴火を横から見たもの。もう1つは写真中央にある円形の部分で、噴火を真上から見たもの。（画像：NASA/JPL/University of Arizona）

外惑星

生命が期待される
メロン模様の氷衛星
エウロパ

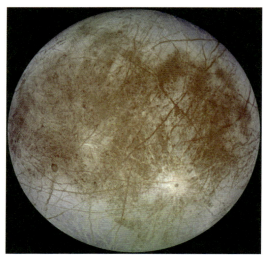

氷の筋模様

木星に2番目に近い星。ガリレオ衛星の中では一番小さな星で、3日半ほどで木星の周りを回っている。特徴は、まるでマスクメロンのような表面の模様。エウロパは表面全体が氷で覆われており、その氷がひび割れたところが筋状になってメロンのような模様を見せている。そして、地下には氷が融けて液体の海があるのではと考えられている。海があるということで、生き物がいる可能性が期待できる。(画像：NASA/JPL/DLR)

赤い筋模様は地下から出てきた水が再び凍った部分。赤いのは水に塩や硫酸が含まれているためと考えられている。(画像：NASA/JPL-Caltech/ SETI Institute)

ガリレオ衛星データ

	半径(km)	等級	発見年
イオ	1821	5	1610年
エウロパ	1561	5	1610年
ガニメデ	2631	5	1610年
カリスト	2410	6	1610年

参考：
月の半径は1738km。
発見はいずれもガリレオによる。

ガリレオ衛星 左からイオ、エウロパ、ガニメデ、カリスト。(画像：NASA/JPL/DLR)

多彩な地形を持つ
太陽系最大の衛星
ガニメデ

太陽系の衛星の中で一番の大きさを誇る。惑星である水星よりも大きいほど。およそ7日で木星を1周する。ガニメデの表面は明るい部分と暗い部分の違いがはっきりと見られる。暗い部分はクレーターがたくさんあり、古い時代に作られた。一方、明るい部分にはクレーターが少なく、代わりに溝のような模様が見られる。この溝は、地殻変動による断層のずれなのではないかと考えられている。（画像：NASA/JPL）

巨大クレーターが
過去の大衝突を物語る衛星
カリスト

ガリレオ衛星の中で一番外側にあり、16日半で木星の周りを回っている。太陽系の衛星の中で3番目に大きな衛星で、水星とほぼ同じ大きさ。表面にはクレーターがたくさんあり、波紋のようにリングが何重にも広がる巨大クレーターや、直線上にクレーターが連なっている様子も見つかっている。これらは過去にカリストに落ちてきた天体の衝突を物語っている。また、エウロパのように氷の層の下には海があると考えられている。なお、ガリレオ衛星の名前は4つともギリシャ神話に登場する女性で、大神ゼウスの恋人。そういえば、木星に宿る神はゼウス（ジュピター）だった！（画像：NASA/JPL/DLR）

外惑星

43 大きな環を持つ土星

「太陽からの距離が地球の約10倍あり、およそ30年かけて太陽の周りを公転している惑星」

これだけで、どの惑星のことなのかわかった人は、もう惑星博士ですね。でも、「リングがある惑星」といえば、きっと誰もが土星のことを思い浮かべることでしょう。

木星、天王星、海王星にも環はありますが、望遠鏡でもよく見える立派な環を持っているのは土星だけです。それもそのはず、望遠鏡でもはっきり見える部分は、土星本体の直径の2倍にまで広がっている大きな環なのです。望遠鏡では見えないかすかな部分も含めると、5倍以上にまで広がっています。

土星は、大きさでも負けてはいません。木星の次に大きな惑星で、その直径は約12万km、地球の直径の9個分です。重さ（質量）も木星の次に重い（でも木星の3分の1以下しかありません）惑星です。

しかし、表面は分厚いガスで覆われたガス惑星で、軽い成分でできているので、密度は惑星の中でも最小です。それほど軽くふわふわとしているうえに、10時間半という速いスピードで自転しているので、完全な球形ではなく、赤道部分が膨らんだ形をしています。扁平率（まん丸い球体に比べてどのくらいつぶれているかの割合）は惑星の中でも一番で、望遠鏡で見ても少し楕円形につぶれているのがわかるほどです。実は、どの惑星も完全な球形ではなくて、少しつぶれた形をしているんですよ。

そして、子分の数でも負けていません。土星の周りを回る衛星は、大型望遠鏡や探査機の活躍によって次々と発見され、現在は66個にもなっています。

（画像：NASA and The Hubble Heritage Team STScI/AURAAcknowledgment: R.G. French Wellesley College, J. Cuzzi NASA/Ames, L. Dones SwRI, and J. Lissauer NASA/Ames）

土星データ
赤道半径：60268km
質量（地球＝1）：95.16
密度：0.69g/cm^3
自転周期：0.444日
太陽からの平均距離：9.55天文単位
公転周期：29.4572年
衛星数：66

実はボクにもうすい縞模様があるんだよ〜

土星の北極にはジェット気流が作る六角形の渦があるんじゃよ。1980年代に探査機ボイジャーが発見して以来、ずっとあるそうじゃ

（画像：NASA/JPL-Caltech/Space Science Institute）

44 外惑星

土星が水に浮くってホント？

　皆さんは水泳が得意ですか？ 得意かどうかは別として、人間というのは本当に便利にできていて、水の中で力を抜いていると自然と浮くようになっているそうですね。では、今からはスケールをでっかく、夜空の惑星たちを水に浮かべることを想像してみましょう。

　もし、宇宙にすごく大きな水槽があったとしましょう。この中に惑星たちを入れてみます。さて、まず地球を入れてみましょう。どうでしょうか。当然のごとく、沈んでしまいます。地球はほとんどが岩石でできていますからね。池に石を投げたら沈むのは当たり前です。

　では、土星を入れてみたらどうなるでしょう。まさか星が浮くわけが…と思いきや、なんと土星は水槽にぷかぷか浮いてしまいます。

　その秘密は土星の密度にあります。土星は地球よりもはるかに大きな惑星ですが、その大きさのわりには重たくありません。土星は水素やヘリウムなどのガスでできています。まるでふわふわ浮いているような感じです。密度を計算すると、水よりも小さくなるため、水槽に浮いてしまうというわけです。

　ガスが主成分である星はほかにもありますが、水に浮くほど密度が低い惑星は土星以外にはありません。まさに土星は惑星イチの泳ぎ上手といえるでしょう。そう思って土星を見ていると、なんだか土星の環が浮き輪みたいに見えてきそうですね。

惑星密度(g/cm^3)比べ　（水の密度は$1g/cm^3$です）

水星：5.43　金星：5.24　地球：5.51　火星：3.93　木星：1.33
土星：0.69　天王星：1.27　海王星：1.64

外惑星

土星の環は氷と岩石の集まり

　小学生のころ、望遠鏡で土星の環を見たときの感動と驚きは、大人になった今でも忘れられません。

　土星のわっかは、天体観望会でも人気ナンバーワン！ みんな大好き。でも、やっぱり不思議。あの環はいったい何？ 小学生のときの私は土星を見て、猫の目みたいだと思いました。笑わないでくださいね。だって、あのガリレオ・ガリレイでさえ、17世紀初め、最初に望遠鏡で土星を見たとき「土星には耳が付いている」（！）と表現したほどですから。後の天文学者ホイヘンスが、環であることを確認したといわれています。

　土星の環を大きな望遠鏡で見ると、きれいな縞模様が見えます。まるでバームクーヘンのようです。実は、土星の環は1000本以上のたくさんの細い環とすきまに分けられます。さらにその細い環は小さな氷や岩のかけらでできていました。かけらのサイズは、冷凍庫の氷のような小さなものから、南極の氷山のように大きなものまでさまざま。

　ところで、この立派な環、いったいどうやってできたのでしょう？ 諸説ありますが、まだはっきりとはわかっていません（108ページで詳しく紹介します）。1997年に打ち上げられた土星探査機カッシーニは、たくさんの細い環や、衛星が粉々になる直前の細長いかけらを発見しています。これから環の秘密が見えてきそうで楽しみです。

　とっても不思議な土星の環。その正体は猫の目でも、耳でもなく、バームクーヘンでもなく、小さな氷や岩のかけらだったなんて、やっぱり宇宙はおもしろいですね。

外惑星

46 どうして土星にだけ立派な環があるの？

　土星といえば、美しい環がトレードマークですよね。木星・天王星・海王星にも環はありますが、太陽光をあまり反射しない暗い岩の塊（かたまり）や小さなチリでできているので淡いものばかり。それに対して、土星の環は光をよく反射する水の氷でできています。もっとも明るく見えるＡ環とＢ環は、とくにきれいな氷の塊が多いことがわかっています。

　ふつうなら、氷はやがてチリに覆われ、だんだん暗くなっていきますが、きれいということは、氷同士の衝突が頻繁（ひんぱん）に起きていて、割れたところから新しい表面が出てくるからではないかと考えられています。これが、太陽光をよく反射し輝く土星の立派な環を作り出しているのです。

　今のところ考えられている環の起源はこんな案です。

- いったんは衛星になったものが、何らかの影響で土星に近付き過ぎて、土星の重力で引き裂かれ粉々になり、土星の周りを回る環となった。
- 土星や衛星を作った材料の残りが土星の周りを回るうちに、それら同士が衝突したり衛星にぶつかったりして粉々になり、環となった。
- 衛星から噴出した水蒸気がだんだんたまり、環を作った（衛星エンケラドスからは氷や水蒸気が噴出し、Ｅ環（Ａ環より外側にある薄い環）を作っているようです）。

　ところで、環にすきまがあったり、細い環の形に整列しているのはなぜなのでしょうか？　これには、環の中に存在する小さな衛星が一役買っています。衛星はその重力で環の中の粒子を押しのけるため、衛星の通った後はきれいになり、すきまができます。粒子たちがそのような衛星同士にはさまれた場合は、両側から衛星に押さえ込まれ、整列した細い環となります。このように、粒子が散らばらないようにまるで見張っているかのような衛星たちは「羊飼い衛星」とよばれているんですよ。

土星の環

いくつもの細い環が連なっている。明るく紫に色付けされた環は、比較的大きな氷の塊が多いところ。暗く緑色の領域は、5cm未満の粒子が多い。（画像：NASA/JPL）

羊飼い衛星と環

上画像_細い環をはさんで並んでいる小さな2つの天体が、羊飼い衛星。
下画像_衛星の重力の影響ですきまができているところ。
（上画像：NASA/JPL/Space Science Institute）
（下画像：NASA/JPL-Caltech/Space Science Institute）

外惑星

土星の環が消える!?

　土星の醍醐味（だいごみ）である、あの環がときどき見えなくなることがあります。
　土星は環を少し傾けながら、太陽の周りを回っています。そのため、地球と土星の位置関係で環の見え方が少しずつ変化し、およそ15年ごとに土星を真横から見るような方向となります。そのとき、まるで環が消えたように見えるのです。
　土星の環が見えないのは残念ですが、ここから一つ、土星の環の秘密がわかります。真横からだと見えないということは、見えないくらいすごく薄いということです。
　環の幅は、望遠鏡ではっきり見えるもので15万kmくらい、かすかなものまで含めると40万kmを超えるほどあります。しかし、厚さはたった数百mしかありません。
　もし、直径1mのビーチボールを土星だと考えると、環の幅は3mを超えます。しかし、その厚さは1mmの1000分の1ほどしかないことになります。極薄も極薄、超極薄です。真横から見たら、環が見えなくなるのもうなずけますね。
　前回、環が見えなくなったのは2009年でした。次回見えなくなるのは、2025年になります。

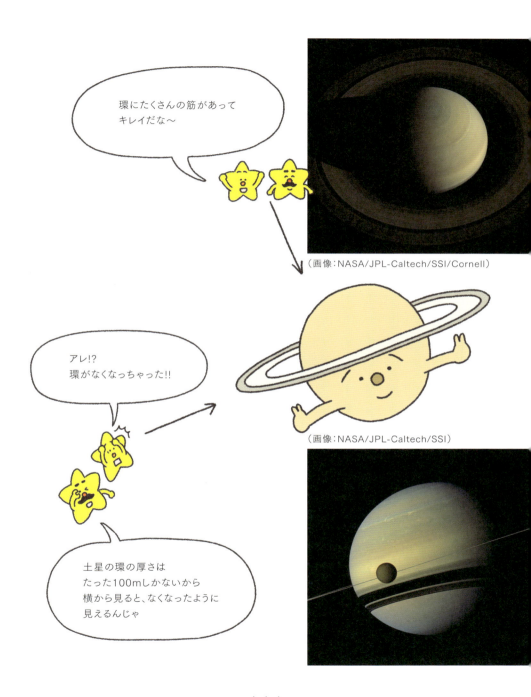

48 土星の衛星には生き物がいるかもしれない!?

外惑星

　地球以外で生命が期待される星といって、すぐにあげられるのがタイタンです。タイタンは、66個ある土星の衛星の中では最大、太陽系全体を見ても、2番目に大きな衛星です（一番大きな衛星は木星の衛星ガニメデ）。月の1.5倍、惑星の水星よりも大きく、ずいぶん存在感があります。詳しい調査の結果、タイタンには窒素やアルゴン、メタンの大気と、メタンやエタンの川や海があることがわかりました。これらは生命が誕生するのに欠かせないものばかりです。つまり、タイタンは生まれたばかりの地球の環境にそっくりなのです。

　そして、最近になって注目を集めているのがエンケラドスという衛星です。一面が氷で覆われた星ですが、間欠泉のように水が噴き出している場所があります。そこを探査機カッシーニが通り抜けて水の成分を調べてみました。すると、アンモニアや有機物などの生命に必要な物質がけっこう含まれていたのです。

　タイタンにもエンケラドスにも、なんだか生命の可能性を感じませんか。今のところ、どちらの星にも生き物はおろか、その痕跡すら見つかってはいません。しかし、これからも調査を続けることで大きな期待が持てます。

　それと大事なことは、これらの星を調べるということは、私たちの地球をよく知るということにつながるのです。タイタンが生まれたばかりの地球に似ているなら、そこから地球誕生の秘密が探れるわけですし、エンケラドスの水には、生命誕生のヒントも隠されているかもしれません。宇宙を知ることは、地球を知ること、私たちを知ることにつながるのです。

衛星タイタン
土星探査機「カッシーニ」が近赤外線で撮影したタイタンの様子。地表の模様も浮かび上がっている。（画像：NASA／JPL／Space Science Institute）

エンケラドスの間欠泉
エンケラドスの表面から上空に向かって水が噴き出している様子。（画像：NASA／JPL／Space Science Institute）

外惑星

初めて望遠鏡で発見された天王星

　人類が望遠鏡で初めて発見した惑星が天王星です。
　1781年にウィリアム・ハーシェルが望遠鏡で偶然発見したとき、最初は彗星を見つけたと発表したくらいですから、ぼぅっと淡い像に見えたのでしょうね。それもそのはず。天王星は太陽から28億7500万km（地球の約19倍）も遠く離れた場所にあるのです。惑星の中で3番目に大きい（直径約5万km、地球の約4倍）とはいえ、地上の望遠鏡ではそれほど大きく見えません。表面の様子をよく見ようと1986年にボイジャー2号が接近し、写真を撮りましたが、あまり模様は見られませんでした。
　そんな天王星にもユニークな特徴があります。それは、横倒しになっていることです（詳しくはp.116参照）。横に寝たまま太陽の周りを約84年かけて公転している、なんとも風変わりな惑星です。
　表面は水素などのガスで覆われていますが、木星ほど多くはありません。天王星がある程度の大きさに成長し、これからガスを集めようとしたときには、もうガスがそれほど周りに残っていなかったのかもしれません。
　表面が淡い青緑色に見えるのは、天王星の大気に含まれているメタンが赤い色を吸収するためだと考えられています。太陽から遠く冷たいところにある天王星は、大部分が水やアンモニア、メタンなどの氷でできていると考えられ、氷惑星ともよばれています。
　天王星にも衛星が27個見つかっています。中でもミランダは、巨大な尾根や断層など、直径500kmほどの小さな衛星にしては複雑な地形が多い、特徴的な衛星です。

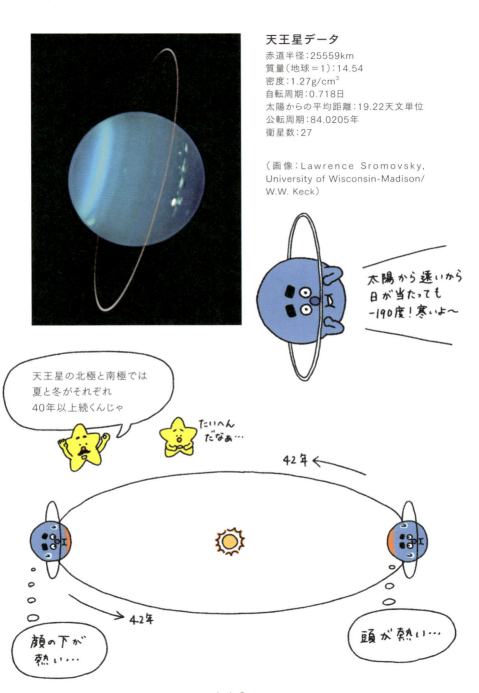

外惑星

なぜ天王星は横倒しなの？

　学校のクラスでも、職場でも、集団の中には、何か他人とは違ったことをするひねくれものというか、変わった人が1人はいたりするものです。

　惑星の仲間の中にもやっぱりひねくれものがいました。この天王星、自転軸が98度も傾いています。つまりほとんど横倒し。ひねくれるどころじゃなく、もう寝転がっています。天王星は横倒しのまま太陽のまわりをおよそ84年でひと回りするので、半分の42年ごとに昼と夜を繰り返しています。なんとも極端ですね。

　どうして天王星はこんなことになったのでしょう？

　惑星の誕生までさかのぼると、どうやら最初から横倒しになっていたわけではなさそうです。きっと、天王星も生まれた当初はほかの惑星と同じく、自転軸が立っていました。そこへあるとき、大きな天体が天王星にぶつかったのです。なんとも不運な結果です。この衝撃で、天王星は横倒しになりました。しかも最近の研究では、天王星は不運が重なって、2回も大衝突が起きたともいわれています。

　ちなみに、地球の自転軸も23.4度傾いています。これも、月を作るきっかけとなった、火星サイズの天体が地球に衝突したからと考えられています。

　天王星をほぼ真横にまで傾けた衝突とは、いったいどれくらいのすさまじさであったのか。それを考えると、天王星はひねくれものというより、運が悪い星だったのかもしれませんね。

外惑星

実は天王星にも環があった！

　環のある惑星は全部で4つあります。土星の環はとても立派で有名ですね。土星に次いで、環が発見されたのが天王星です。
　その後、木星、海王星と環が確認されましたが、どれも簡単に見つかったわけではありません。探査機によって初めて見つかったものもあります。そして、天王星の環を発見したのも、まさに偶然の産物でした。
　1977年3月、アメリカの天文学者ジェームズ・エリオットが天王星

の観測をしていたときのことです。エリオットは、天王星が背後にある星の光をさえぎる現象（これを掩蔽といいます）を観測しようとしていたのですが、天王星本体がさえぎる前に、なんだかチカチカと背後の星の明るさが変化していることに気付いたのです。もしかして、地球からは見えないが、天王星の周りに何かあるのでは・・・？

　こうして彼は、天王星の環の存在に気付きました。その後、1986年のボイジャー2号が天王星に接近し、初めて天王星の環を直接見ることができたのです。

　天王星の環は、幅が10km程度のとても細いものが10本ほど見つかっています。また、天王星は横倒しになっているので、地球からは環が立っているように見えます。

外惑星

もっとも外側を回る海王星

「へぇ、海王星ってちゃんと見えるんですねー！」

「え？　この小さくて丸く見えるのが海王星ですか？」

海王星を望遠鏡で見たとき、感動する人、ちょっとがっかりする人、反応はさまざまですが、あなたならどちらでしょうか？

海王星が小さく見えるのは無理もありません。太陽からの距離は45億440万km。天王星のさらに1.5倍も遠いところにあるんです。直径は天王星より少し小さめ。太陽の周りを165年かけて公転しています。大部分が氷でできた氷惑星で、表面は水素などのガスで覆われています。でも、天王星のようにのっぺりした表面とは異なり、大暗斑と名付けられた大気の渦模様があることが、1989年に接近したボイジャー2号の観測でわかりました。しかし、その後ハッブル宇宙望遠鏡が観測したときには消えてしまっていました。

海王星は1846年に、計算で位置を予測し発見された初めての惑星で、同年に衛星トリトンも見つかっています。海王星の衛星は全部で14個発見されていますが、中でもトリトンは変わり者で、海王星の自転とは逆向きに公転しています。このような衛星は木星や土星にもありますが、トリトンほど大きくはありません（トリトンは冥王星よりも大きいんです）。別の場所でできたトリトンが、海王星の重力でつかまえられてしまったのではないかと考えられています。

そんな逆向きの運動のために、トリトンの公転は少しずつ遅くなり、海王星に近付いています。何億年か後には、海王星に近付き過ぎて重力で引き裂かれ、粉々になり、海王星の環になってしまうかも（!?）しれません。また、トリトンには、火山とまではいきませんが黒っぽい噴煙を噴き出しているところも見つかっています。

海王星データ
赤道半径：24764km
質量（地球＝1）：17.15
密度：1.64g/cm³
自転周期：0.665日
太陽からの平均距離：30.11天文単位
公転周期：164.770年
衛星数：14

（画像：NASA/JPL）

冥王星が準惑星になったことでオレが太陽系最遠の惑星なのさ

衛星トリトン（画像：NASA/JPL/USGS）

海王星の環（画像：NASA/JPL）

海王星くんの大暗斑は1989年に探査機ボイジャーが発見したんだよね？

しかし、1994年にハッブル宇宙望遠鏡が見たときには、大暗斑は消えとったんじゃよ。木星の大赤斑と違って長くは続かない渦なんじゃ

外惑星

青い海王星には海があるの？

　図鑑を抱えてやってきた小さな男の子が、海王星の写真を私に見せて、そう質問してきました。

　確かに、ボイジャー2号が撮影した海王星の写真を見ると、鮮やかな青い色をしていますよね。「海王星」という名前そのものの色のイメージとぴったり。見るからに豊かな海が広がっていそうです。

　でも、残念ながら私たちが見ている青い色は、海の色ではなくて、海王星の大気、雲の色なんです。青く見えるのは、大気に含まれるメタンが赤い光を吸収してしまうからだと考えられています。

　海王星には、大暗斑のほかにも、小さな暗斑や白い筋のような雲が見つかっています。また、まるで季節変化をしているかのように、何年かおきに雲の量が変化していることもわかりました。風のスピードは、海王星の自転より速く吹いているところもあり（縞模様を作り出している木星の強い風よりも3倍も強い！）、思ったより活発なようです。

　太陽からとても遠くて温度が非常に低いはずなのに、なぜこのような気象の変化があるのか、とても興味深いところです。海のように見えた青い色は、活動的な大気だったのですね。

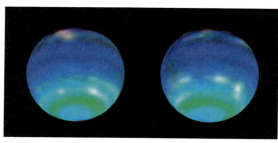

海王星の気象の様子
海王星の表と裏をそれぞれとらえた画像。白く見えるのは上空にある雲。赤道上に見える青黒い帯は高速のジェット気流。（画像：NASA/JPL）

海王星の雲
1989年に海王星に接近したボイジャー2号は、海王星の上空を流れる筋状の白い雲をとらえた。(画像:NASA/JPL)

海王星の大暗斑
ボイジャー2号が撮影した大暗斑。このとき確認された嵐のような渦は、反時計回りに回転していた。(画像:NASA/JPL/STScI)

きほんミニコラム

それぞれの惑星から太陽を眺めてみよう

　太陽からの距離も環境も異なる惑星たち。もし、地球以外の惑星から太陽を眺めたら、いったいどんなふうに見えるのでしょう？

　水星では、太陽は地球から見るより約7倍明るく見え、受け取る熱も強烈です。おもしろいことに、あるところから観察すると、太陽は東から昇り、途中で少しだけ逆もどりします。わずかに東にもどったあと、再び西に向かって動き始め、やがて沈みます。もしこの逆もどりが東や西の地平線付近で起きたら、日の出や日の入が2回も見えることに！この不思議な動きは、水星の軌道がつぶれた楕円のため、太陽に近いときは公転速度が速く、水星ののんびりした自転速度を超えてしまうことで起きます。そのため、太陽の見かけの動きが途中で変わるのです。

　次に、金星から見た太陽は、地球の約2倍明るいですが、もし地表面に降り立っても、その分厚い雲で太陽は見えないでしょう。

　火星から見た太陽は、大きさも明るさもやや小さめ。地球と違って青い朝焼け・夕焼けが見られます。

　木星や土星には、地球のように降り立てる地面がありませんが、木星から太陽を見ると30分の1、土星からは90分の1の明るさに見えます。

　天王星では、明るさ地球の370分の1、大きさ20分の1に見えます。

　最後に、海王星から見た太陽はとても小さな点のよう。でも、明るさは約－18等もあり、周りのどの恒星よりも明るく見えます。つまり、どの惑星から見ても、太陽がいちばん明るく見える星なんですね。

Chapter 4

準惑星と小惑星

惑星になれなかった星には「準惑星」と「小惑星」があるよ

54 準惑星と小惑星

準惑星ってどんな星？

「惑星のように太陽の周りを回っていて、いびつな小惑星と違い大きく丸い形をしている、でも惑星ほどには重力が強くないので近くの天体の運動にほとんど影響を与えない、そして衛星でもない天体」。それが「準惑星」です。

2006年8月24日、天文学史上初めて準惑星という分類ができました。太陽系外縁天体である冥王星とエリス、小惑星帯で最大のケレスが準惑星とされ、その後、新たに2つの太陽系外縁天体、マケマケとハウメアも仲間入りしました（2024年3月現在）。

では、それぞれの特徴を見ていくことにしましょう。まず、冥王星は1930年に発見され、太陽から平均59億1500万kmの距離にあり、248年かけて公転しています（p.128参照）。2015年にNASAの探査機ニューホライズンズが冥王星に接近し、冥王星やその衛星を詳しく調べました。冥王星よりも大きな天体として2003年に発見されたエリスは、その後の観測で冥王星より少し小さいかもしれないことがわかりました。太陽から平均100億kmもの彼方にあり、557年もかけて公転しています。衛星も1つ見つかっています。ケレスは1801年に発見され、直径が約950kmと小さかったため、当時初めての小惑星として分類されました。太陽の周りを4.6年で公転する岩石でできた天体です。2003年に発見されたハウメアは冥王星と同じくらいの大きさで、衛星が2つ見つかっています。たった4時間で自転しているため、遠心力で少し細長く膨らんだ変わった形をしているのが特徴です。マケマケは2005年に発見され、冥王星より少し小さいと思われています。衛星らしき天体も1つ見つかっています。

各天体の大きさの比較

※比率はだいたいのイメージです

準惑星と小惑星

冥王星の意外な素顔

　1962年に金星探査機マリナー2号が世界で初めて地球以外の惑星を探査してから、今までに数多くの探査機が太陽系の惑星に向かい、調査してきました。しかし、海王星よりもさらに遠くにある冥王星には、まだどの探査機も訪れたことがありませんでした。そこに歴史的な一歩を踏み入れたのが、2015年7月に初めて冥王星に到達したNASAの探査機ニューホライズンズです。2006年に打ち上げられ、約9年半もの長い歳月をかけて、世界初の最接近を果たしました。これにより、今までおぼろげにしかわからなかった冥王星の素顔がついに明かされることになったのです。

　ニューホライズンズが冥王星の上空7万kmから撮影したクローズアップ画像には、研究者の予想を超えた複雑な地形や水の氷でできた富士山並みの高さの山々が写し出されていました。すっかり冥王星のシンボルとなったハート模様にあたる場所には、クレーターの少ない氷で覆われた平原が広がっていました。これらの地形がどのようにしてできたのかはまだ明らかになっていませんが、地質学的には新しく、1億年以内に作られたのではないかと考えられています。

　また、冥王星の衛星でもっとも大きいカロンにも興味深い地形が見つかっています。カロンの表面を貫くように長く伸びた峡谷（きょうこく）や山々、赤く見える北極地域など、変化に富んだ地形がたくさん存在していたのです。1600km以上にもわたる峡谷は、過去に地殻変動（ちかくへんどう）があって作られたと考えられています。冥王星もカロンも、クレーターで覆われた冷たく静かな世界だと思われていましたが、意外にも活動的なのかもしれません。

冥王星データ
半径：1188.5km
密度：1.85g/cm³
自転周期：6.4日
公転周期：248年
衛星数：5

ハートマークがボクのチャームポイントなのさ

（画像：NASA/Johns Hopkins University Applied Physics Laboratory/Southwest）

ニューホライズンズが到着するのに9年半もかかったんだね〜

衛星カロン（画像：NASA/Johns Hopkins University Applied Physics Laboratory/Southwest Research Institute）

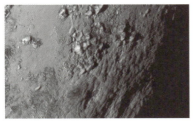

冥王星の山々（画像：NASA/Johns Hopkins University Applied Physics Laboratory/Southwest Research Institute）

冥王星の大気（画像：NASA/Johns Hopkins University Applied Physics Laboratory/Southwest Research Institute）

準惑星と小惑星

冥王星の波乱万丈物語

「惑星が8個に減る!?」

2006年の夏、冥王星が惑星から外される！ と話題になりました。太陽系第9番目の惑星として知られてきた冥王星は、この年、「準惑星」に分類されたのです。でも、なぜ冥王星の発見から70年以上も経って、新たな分類が作られたのでしょう？

実はそれまで、どんな天体を惑星とよぶのか、科学的な決まりはなかったんです。しかし観測技術の進歩により、1992年以降、海王星より遠い天体（太陽系外縁天体）が続々と発見されるようになります。それらは冥王星よりも小さく、惑星に分類されることはありませんでしたが、冥王星の特徴によく似ていました。

たとえば、冥王星はほかの惑星に比べてかなりつぶれた楕円を描いて公転し、その軌道はほかの惑星の軌道に対し、とても傾いています。惑星にしてはちょっと変わっていました。そのため、冥王星は海王星より遠い天体と同じ仲間なんじゃないかと考えられるようになりました。

そしてついに、2005年7月29日、冥王星より大きい2003 UB313（エリス）の発見が公表されました。これを惑星とよぶのか？ 小惑星のままにするのか？ でもそれでは「惑星よりも大きな小惑星」という変なことになってしまう…。ここでまた、冥王星は惑星なのか？ という議論が再燃します。

そこで、国際天文学連合では、天体が持つ「重力」の大きさと「形」を基準として「惑星の定義」（p.158参照）を作ったのです。それによって、惑星とは異なる特徴を持つ冥王星は「準惑星」となりました。しかし、惑星から外されたというよりは、太陽系に新しい広がりをもたらしてくれたといえるのではないでしょうか。

57　準惑星と小惑星

火星と木星の間で
きらりと光るケレス

　1801年、火星より遠くに新たな天体が発見されました。ケレスです。まだ海王星が発見される前の時代、新惑星として注目を浴びました。ところが、翌年にはパラスが発見され、その後もケレスの近くに天体が次々と見つかると、これらは惑星といえるのか議論となります。一番大きいケレスでも直径約950km、水星の5分の1の大きさしかなかったのです。やがてそれらは「小惑星」とよばれるようになりました。観測技術の進歩とともに小惑星は続々と見つかり、現在では60万個以上も確認されています。多くは数mから数十kmくらいの大きさしかなく、形もいびつです。その中でケレスは飛び抜けて大きく、丸い形をしているので、2006年からは「準惑星」のグループに分類し直されました。

　このように丸くて大きなケレスは、衝突でばらばらに壊された可能性のある小惑星と異なり、太陽系ができたばかりのころ、微惑星が衝突合体を繰り返して順調に成長し、現在まで生き残った天体だと考えられています。惑星になる手前まで成長できたケレスには、どうやって惑星が作られたのかを詳しく知る手がかりが詰まっているかもしれません。

　そこで、NASAは2007年にケレスに向けて探査機ドーンを打ち上げました。ドーンは、途中でケレスより少し小さい小惑星ベスタにも立ち寄り、2015年からケレスの周りを飛行しながら約3年半にわたって観測しました。これまでに、ケレスには山がいくつかあることやクレーターの縁で地滑りが起きていること、表面近くに水の氷が存在することなどがわかってきました。また、内部は深さによって組成の異なる層構造をしていることもわかっています。

ケレスデータ
半径：469.5km
密度：2.2g/cm³
自転周期：9.074時間
公転周期：4.6年
衛星数：0

（画像：NASA/JPL-Caltech/UCLA/MPS/DLR/IDA）

冥王星くんと同じ準惑星だけど、ボクの軌道は火星くんと木星くんの間なんだ

縁に塩があるとみられるKupaloクレーター（画像：NASA/JPL-Caltech/UCLA/MPS/DLR/IDA）

ケレス最大のKerwanクレーター（画像：NASA/JPL-Caltech/UCLA/MPS/DLR/IDA）

最初は新惑星として注目されたケレスじゃがその後小惑星に分類され、現在では準惑星とされておるんじゃ

いろいろ扱いが変わって、ケレスくんもたいへんだね…

58 小惑星はなぜ惑星になれなかったのか?

準惑星と小惑星

　小惑星は文字どおり、惑星とも準惑星ともよべない小さな天体です。火星と木星の軌道の間に無数にあり、帯状にたくさん分布しているので、その辺りは小惑星帯（しょうわくせいたい）とよばれます。大きさ300km以上のものは数個しかなく、多くは数十kmから数mくらい、でこぼこした形が特徴です。小惑星探査機「はやぶさ」が行ったイトカワは長さ540m、幅200mほどの細長い形で、もし歩いてみたら20分くらいでひと回りできてしまうことでしょう。

　なぜ小惑星は1つの惑星にならなかったのでしょうか?

　実は、この謎はまだ解明されていません。一つの案として、いったんはある程度大きく成長した天体が、先に成長して巨大になった木星の強い重力ではじき飛ばされ、軌道が乱れた天体同士が衝突し、壊されてたくさんの小惑星ができたと考えられています。または、もともとこのあたりは、惑星の材料となるチリが少なかったのではないかという説もあります。実際、小惑星帯の天体を全部合わせても、月よりも小さいのです。

　謎の解明のために、小惑星への探査も行なわれています。その一つ、小惑星探査機「はやぶさ」は、2005年に小惑星イトカワに降り立ち、表面にあった岩石の粒子（りゅうし）を採取して、2010年に地球に持ち帰ってきました。その粒の研究からは、イトカワはもともと直径が20kmくらいだった天体が、ほかの小天体との衝突によって破壊され、その破片の一部がお互いの重力で再び寄せ集まってできたのではないか、ということが明らかになってきました。イトカワの形がまるで2つの塊（かたまり）が合体したかのようないびつな姿をしているのは、そのためなのかもしれません。

準惑星と小惑星

小惑星探査機「はやぶさ」の活躍

　小惑星探査機「はやぶさ」をご存じでしょうか。はやぶさは 2003 年 5 月に地球を出発し、2005 年 9 月にイトカワに到着。さまざまな観測をしただけでなく、イトカワに降り立って岩石のかけらを採取することに成功しました。地球に帰る途中、幾度となくトラブルに見舞われましたが、開発チームとはやぶさが一体となって困難を乗り越え、2010 年 6 月に地球にもどってきました。最後に、はやぶさはイトカワのかけらが入っているカプセルを地上で待つ私たちに届け、自分は大気圏に突入して燃えてしまいました。

　はやぶさの成果はひとことではいいつくせません。イオンエンジンという電気の力を利用した次世代エンジンを何年にもわたって使い続けたこと。地球の重力を利用して加速したこと（地球スイングバイといいます）。イトカワの立体地図を作り、さまざまな調査をしたこと。そして、イトカワのかけらを採取して、安全に地球に持ち帰ったこと、など。多くの発見と成果に世界中が興奮しました。

　はやぶさは人間まかせの探査機ではありません。自分で考えて行動することができました。トラブルに見舞われたときも、何とか自分で立ち上がろうとしたのです。日本中が「はやぶさ、ガンバレ！」と応援し、最後はオーストラリアの星空に消えていった姿に感動したのは、単なる機械ではなく、ともに困難を乗り越えた「仲間」のような気持ちがあったからでしょう。はやぶさは多くの人に愛された探査機でした。

　その後、はやぶさの意思を受け継いだ「はやぶさ 2」が小惑星「リュウグウ」に行き、2020 年にリュウグウの岩石を地球へ届けました。2024 年 3 月現在、はやぶさ 2 は次の小惑星「2001 CC_{21}」に向かってまだまだ宇宙飛行を続けています。

「はやぶさ」の地球帰還の瞬間
写真右下から左上に向かって、はやぶさは大気圏を駆け抜けていった。このとき、満月の倍近く明るくなった。(提供：朝日新聞社)

ボクの弟「はやぶさ2」は、今、次の小惑星「2001 CC$_{21}$」に向かっているよ
※2024年3月現在

「はやぶさ2」の打上げ
はやぶさ2を載せたHⅡ-Aロケットは、2014年12月3日、種子島宇宙センターから打ち上げられた。

準惑星と小惑星

太陽系はどこまで続いているの？

　冥王星より遠くにもたくさんの太陽系外縁天体が見つかり、太陽系はずいぶん遠くにまで広がっていることがわかってきました。でも、いったいどこまで続いているのでしょうか？

　そのヒントが「彗星」に隠されています。そもそも彗星とはどんな天体なのでしょう？　ほうき星ともよばれるとおり、長い尾をたなびかせているのが特徴です。氷とチリの塊でできていて、太陽に近付くとその熱で溶け、ガスやチリを吹き出して尾を作ります。小さな天体ですが太陽の周りを公転している太陽系の一員で、公転周期が短く太陽の近くを回っているものと、公転周期がとても長くはるか遠くからやってくるものとがあります。

　公転周期が短い彗星は、太陽系外縁天体がいる辺りからやってくると考えられていますが（この辺りをカイパーベルトとよびます。p.9参照）、公転周期が長い彗星はどこからやってくるのか調べてみたところ、太陽系外縁天体よりもっと遠く、しかもいろいろな方向から来ていることがわかりました。そこは、現在の観測技術ではあまりにも遠過ぎて見えないところ。太陽系の果ての方には、太陽を球殻状に取り囲む「オールトの雲」とよばれる、彗星の巣のようなものがあり、地球より１万倍以上も太陽から遠いところまで広がっていると考えられています。

　オールトの雲の存在はまだ確かめられてはいませんが、いずれにしても、氷でできた彗星が、太陽系の果ての冷たいところからやってくることは事実で、46 億年前に惑星が作られていたころの材料の名残なのではないかと思われています。そのため彗星は太陽系の化石ともいわれ、太陽系がどのようにして誕生したのか、謎を解き明かす鍵を握っているのです。

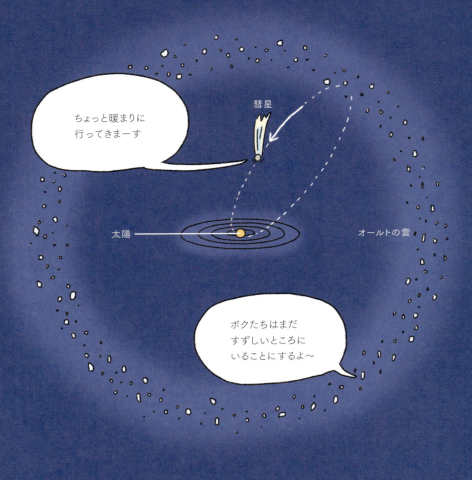

チュリュモフ・ゲラシメンコ彗星の核から噴き出すガス。（画像：ESA/Rosetta/NAVCAM-CC BY-SA IGO 3.0）

61

準惑星と小惑星

流星群は彗星から出たチリからできるってホント!?

　皆さんは、流星や彗星を見たことはあるでしょうか？

　流星は1mmくらいの砂つぶのようなものが地球の大気に飛び込んできたとき、星が流れ落ちてきたかのように一瞬パッと光る現象です。対して彗星は、夜空を観察している間にパーっと動いていってしまうことはありません。太陽の周りを回る天体で、チリが混ざった氷の塊でできています。数十mから数kmくらいの大きさで、太陽に近付くと氷が溶けて中からガスとともにチリがまき散らされ、それがたなびく尾となって見えることがあります。

　流星は「流星群」といい毎年決まった時期にたくさん見られる日があります。ある星座を中心にして四方八方に流れ出るように見えるので、その星座の名前をとって○○座流星群とよばれます。

　なぜ毎年同じ時期に見られるのでしょうか？　それは彗星と関係があります。流星群のもとは彗星がまき散らしたチリだからです。彗星が通ったあとにチリが残り、そのチリの帯の中を地球が一年に一度くぐり抜けるたびに、たくさんの流星が見られるのです。見た目も性質も異なる流星と彗星は、こんなところでつながりがあったのですね。

三大流星群の見える時期

毎年見られるおもな流星群	多く見られる日
しぶんぎ座流星群	1月4日夜明け前
ペルセウス座流星群	8月13日深夜〜翌日の夜明け前
ふたご座流星群	12月14日一晩中

※「しぶんぎ座」は、現在では存在しない「壁面四分儀(へきめんしぶんぎ)座」という星座に由来しています。

百武彗星（写真：藤井 旭）

ふたご座流星群（2012年）（写真：及川聖彦）

きほんミニコラム

どうして小惑星を調べるの？

　小惑星探査機「はやぶさ」が訪れた小惑星イトカワの大きさは500mほどしかありません。本当に小さな、小さな天体です。
　ところで、どうしてこんなに小さな天体を調べるのでしょう。実はこの「小さい」ということが鍵を握ります。
　「私たちはどこから来て、どこへ向かうのか─」これはとても壮大で、人間が根源的に持つテーマの一つです。人間はどうやって誕生したのか、そして地球や太陽系はどのようにして誕生したのか。大昔のことを調べるには、地球内部に眠っている証拠を掘り起こす必要があります。こうして、地球の歴史についてさまざまなことがわかってきました。ところが、さらにその先の、地球の誕生よりもっと昔の太陽系の誕生にまでさかのぼろうとすると、地球にはその痕跡は残されていません。というのも、火山や地震に見られるように地球は活発に活動しているので、時代の移り変わりとともに内部の様子が大きく変化しています。ですから、小惑星のように小さくて、生まれてからほとんど変化をしていない天体にこそ、太陽系誕生を探るヒントが残されているわけです。
　小惑星は現在、炭素がたくさんあるものや、鉄がたくさんあるものなど、20種類ほどに分類されています。それぞれ性質の異なった小惑星を詳しく調べることで、太陽系の誕生、地球の誕生、生命の誕生がわかり、やがては私たちへとつながっていくのです。

Chapter 5

太陽系と太陽系外惑星

太陽系の外にある恒星を回っているのが「太陽系外惑星」だよ

太陽系と太陽系外惑星

太陽系の外にも
たくさんの惑星が存在する

　この広い宇宙の中で、太陽はごくありふれた恒星。夜空を見上げれば無数の恒星たちが輝いています。ならば、そのうちのどこかには太陽系のように、惑星がある恒星があるのでは？

　古くから人間はこの疑問を抱いてきました。この問いに答えが出されたのは1995年のことでした。ジュネーブ天文台のミッシェル・マイヨールとディディエ・ケローズが、ペガスス座51番星の周りに惑星があることを発見したのです。

　太陽系外の惑星を「系外惑星（太陽系外惑星）」といいます。とても暗い系外惑星を見つけるには、恒星が惑星に引っ張られる、わずかなふらつきを見ます。また、惑星が恒星の光をさえぎったときの明るさの変化を見ることもあります。手っ取り早いのは直接見ることですが、なかなかむずかしいようです。

　2024年3月現在では、5000個を超える系外惑星が発見されています。半分以上が木星のようなガス惑星ですが、地球のような岩石型の惑星も次々に見つかっています。中にはホットジュピターとよばれる恒星のすぐ近くを回るガス惑星や、スーパーアースという地球より大きな岩石惑星など、私たちの想像しなかった惑星がたくさん見つかってきました。もしかして、私たち太陽系の方が珍しい存在かもしれませんね。

　これからもますます系外惑星は発見されていくでしょうし、地球に似ている惑星が見つかった、というニュースも目にするようになるでしょう。地球に似ているということは、生命の存在は…!?　なんて、なんだかわくわくしてきますね。

系外惑星の見つけ方

太陽系と太陽系外惑星

太陽系外惑星に生命が存在する可能性は？

　宇宙人はいると思いますか？
　——はい、います。あなたも宇宙に住んでいるので、宇宙人ですよ。なんていう話はさておいて、地球以外に生命がいると思いますか？
　火星やタイタンに生命の可能性が期待されつつも、まだ見つかってはいません。では、太陽系の外側に目を向けてみましょう。
　そもそも、生命が育ちそうな惑星には何が必要でしょう？ それには、生命にあふれる星、地球を思い返してください。地球は水の惑星です。生命の誕生には水が欠かせません。つまり、太陽系の外側に、水がある惑星があれば可能性は大いに高まります。恒星からほどよく離れていて、水がありそうな環境を「ハビタブルゾーン」といいます。今日、ハビタブルゾーンに収まっている惑星はどんどんと見つかっています。まだ生命そのものは見つかっていませんが、生命が発している信号をキャッチしようと試みている天文学者もいます。

これからも系外惑星はどんどんと見つかっていくでしょうし、その中には水がある惑星も出てくるはずです。世界中の多くの天文学者は、宇宙のどこかに何かしらの生命が存在していると思っているようです。
　私たちの住む銀河には2000億の星が集まっていて、そんな銀河が宇宙には何百億とあります。見つけるのはすごくたいへんですが、いつか第2の地球が見つかる日がやってくるのかもしれません。
　アメリカの天文学者でもあるカール・セーガン原作のSF映画「コンタクト」の中に、こんなセリフが出てきます。
　「もし、この広い宇宙に地球人しかいなかったら、宇宙がもったいない──」と。
　今夜はちょっと遠い宇宙にいるかもしれない生命のことを考えながら、神秘的な星空を眺めてみませんか？

太陽系と太陽系外惑星

もし太陽が
なくなってしまったら

　私たちを暖かく明るく照らし、住みやすい環境を作り出してくれている「太陽」。でも、自ら光り輝く「恒星」である太陽には寿命があります。熱や光を作るための燃料となる水素がなくなってしまうからです。といっても安心してくださいね。太陽は、あと約50億年は輝き続けます。

　太陽が将来どうなるのかは、太陽と似たようなほかの恒星の最期の様子を見ることで予想できます。

　あと50億年くらい経つと、太陽はだんだん大きく膨らみ、地球もその中に入ってしまうと予想されています。ただ、同時に太陽は自分の体を作っているガスも少しずつ放出してしまうので、重力が弱くなり、地球の軌道が外側に広がって、地球はぎりぎり飲み込まれずにすむかもしれない、と推測している研究者もいます。そして太陽があった中心には、

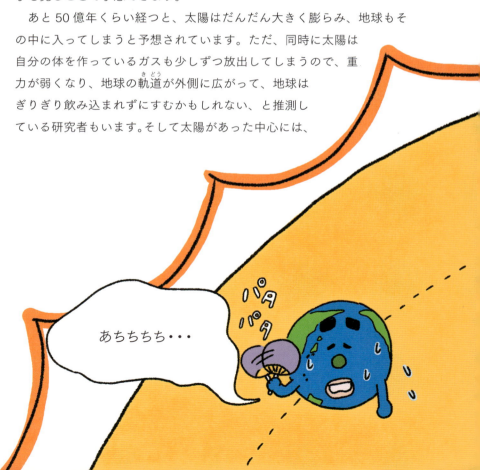

星の芯のようなものが最後に残りますが、もはやそれは地球を暖かく照らしてくれるような天体ではありません。

　太陽がどのくらい膨張するのか正確にはわかりませんが、いずれにしても、地球軌道の近くにまで膨らんだ太陽の熱のせいで、地球の気温は上がり、生命が生きていけるような環境ではなくなってしまうと予想されています。しかし、それは50億年も先のこと。それよりも、私たちが生きている間に地球の環境が悪化しないように守り、次世代に良い地球環境を残してあげたいですね。

太陽系と太陽系外惑星

太陽系の別の惑星に引越ししてみたら?

　もしも将来、気軽に宇宙旅行が可能になったら、「このたび、木星に引っ越しました。お近くにお越しの際はお立ち寄りください」なんてことがあるかも!? そんなときのために、それぞれの物件を見ていくことにしましょう。

　太陽にいちばん近い水星は日当たり最良！ でも直射日光が厳し過ぎます。さらに、水星の1日は地球の176日分もあるので、極寒の夜もとても長く続きます。住み心地がよいとはいえません。金星は分厚い雲に覆われていて、いつも曇り。鉛も溶け出す高温高圧の世界です。とても人間は住めません。

　火星は1日の長さが地球と同じくらい。自転軸も同じくらい傾いているので四季があります。ただし酸素がありません。でも、火星にはテラフォーミングといって、地球のような環境に変えようという夢のような構想があります（詳しくはp.84参照）。惑星のテラフォーミングは、映画『コンタクト』でも有名なカール・セーガンが初めて金星の環境改造の研究を発表してから、今では世界中で研究が進められています。ただし、宇宙服なしで住めるようになるのは、まだまだ先のようです。

　さて、ガス惑星の木星や土星には人間が降り立てるような固体の地面はありません。地盤がないところには家を建てられませんよね。でも、木星にも土星にも固体の表面を持つ衛星がたくさんあります。もし遠い将来、それらの衛星をテラフォーミングできたら、避暑地として涼しい衛星に別荘を建てるのはいかがですか!?

　最後に、天王星、海王星は太陽の熱も光もほとんど届かない氷の世界です。日当たりは最悪ですね。環境問題が騒がれているとはいえ、今のところ、やっぱり地球がいちばん住み心地はよいようです。

太陽系と太陽系外惑星

日本の太陽系探査機たち

　これまでに日本が打ち上げた人工衛星や探査機は数多くあります。今回は地球を脱出した探査機たちにスポットライトを当ててみます。

　まずは、一番身近な天体である月の探査。初めて月に送り込まれたのは1990年1月に打ち上げられた「ひてん」です。2重月スイングバイという月の重力を利用した高度な加速を行なったり、孫衛星「はごろも」を月の軌道に乗せることに成功しました。月の本格的な探査は2007年9月に打ち上げられた「かぐや」です。かぐやから送られてきたハイビジョン映像は、まるで自分が月の上を飛んでいるかのようでした。さらに、月の立体地図を作成し、世界初となる月の縦穴も発見しました。

　金星には現在、「あかつき」が調査をしています。2010年5月に地球を出発したあかつきは、途中のトラブルを克服して、現在は金星を周回しながら、金星の不思議な気象や火山活動について調べています。一方、火星には1998年7月に打ち上げられた「のぞみ」が向かいました。月の裏側を撮影しつつ、火星を目指しました。ところが、目前でトラブルが生じ、残念ながら火星の近くを通り抜けていきました。でも、この失敗が次の探査機たちに活かされていきます。

　小惑星の探査は2003年5月に打ち上げられた「はやぶさ」です。はやぶさがトラブルに見舞われたとき、のぞみで培った経験が役に立ちました。そして、2014年12月に打ち上げられた「はやぶさ2」は、小惑星「リュウグウ」を探査しました。さらに、あかつきといっしょに打ち上げられた「イカロス」があります。イカロスはヨットのように、太陽の光の力を帆で受けて宇宙を進む、次世代の探査機です。

　これからも、日本の探査機たちがたくさんの驚きと発見をもたらしてくれるでしょう。皆さんもぜひ楽しみにしていてくださいね。

おもな日本の探査機

ひてん
観測対象：惑星間空間、月
目的：月スイングバイ実験、エアロブレーキ実験、宇宙塵観測
打上げ日：1990年1月24日
（画像提供：JAXA）

あかつき
観測対象：金星
目的：金星気象の探査
打上げ日：2010年5月21日
（画像提供：JAXA）

イカロス
目的：ソーラー電力セイルの実証
打上げ日：2010年5月21日
（画像提供：JAXA）

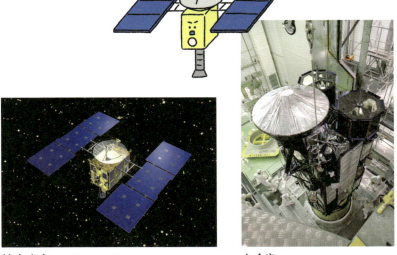

はやぶさ
観測対象：小惑星イトカワ
目的：イオンエンジンの実証試験、小惑星の探査、サンプルリターン
打上げ日：2003年5月9日
（画像提供：JAXA）

かぐや
観測対象：月
目的：月の周回観測
打上げ日：2007年9月14日
（画像提供：JAXA）

太陽系と太陽系外惑星

天体望遠鏡で惑星を見てみよう！

　天体望遠鏡でどこまで暗くて小さいものが見えるのかは、倍率よりも口径（レンズや鏡の直径）の大きさで決まります。口径が大きいほどよく見えますが、扱いがむずかしく、値段も高くなります。2006年8月、小さくて暗く見える冥王星が準惑星になり、「惑星」といわれるものは小型の天体望遠鏡でも全部見られるようになりました。ここでは比較的気軽に扱える口径の小さな（5cm～10cmくらい）望遠鏡での見え方をおもに紹介したいと思います。

**日々形や大きさが変わる。
大口径の望遠鏡では満ち欠けがわかる。**

水星

肉眼でも見られるが、日の出前か日の入後のまだ空が明るいころにしか見るチャンスがなく、高度も低いので、地平線近くまで開けているようなところで観察しよう。見つけにくいときには双眼鏡を使うとよいが、間違っても太陽を見ないように。見かけの大きさが小さいので、小型の望遠鏡では満ち欠けなど形をはっきりと見分けるのはむずかしい。

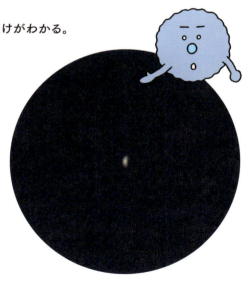

日々形や大きさが変わる。
小口径の望遠鏡でも満ち欠けを楽しめる。

金星

満ち欠けの形は小型の望遠鏡でも見られるが、なるべく金星の高度が高いときを選ぼう。地平線に近いと大気のゆらぎで、金星の像がゆらいでよく見えないため、一番いいのは高度がもっとも高くなったとき。でもそれは昼間なので、金星を探すのにかなり苦労するはず。昼間にチャレンジするときは、事前に高さと方角を確認して、根気強く探してみよう。

火星表面の明暗部がわかる。
条件の良いときは白い極冠も見える。

火星

2年2ヵ月ごとに地球に接近するので、そのときが観察のチャンス。口径5cmくらいの望遠鏡でも赤くて丸い形をした様子がわかる。口径10cm近い望遠鏡を使うと、極冠が白い様子や表面の黒っぽく見えるところもわかる。とくに大接近のときは、ふだんよりも大きく見えるのでおすすめ。

ガリレオ衛星や太い縞が2本ぐらい楽しめる。
大口径なら大赤斑や詳細な模様も。

木星

口径6cmくらいの望遠鏡でも倍率を高くして拡大すればなんとなく縞模様があるのがわかり、4つのガリレオ衛星も見られる。何時間か後、もしくは次の日にまた観察すると衛星の動きもわかり、見ていて飽きない惑星。口径10cmくらいの望遠鏡なら大赤斑があるのもわかるだろう。

美しい環を持った姿が楽しめる。
大口径なら環の溝、本体の縞模様なども。

土星

ぜひ見てみたい土星の環は、口径5cm程度の望遠鏡で大丈夫。黄色っぽい色でかわいらしい土星の様子を見ることができる。口径10cmを超える望遠鏡になると、立派な環の姿だけでなく、黒い筋のようなカッシーニのすきま(p.109参照)が見えることもある。

小口径の望遠鏡でも、
高倍率で青緑がかった星であることがわかる。

天王星

一番明るいときでも5.3等なので、よほど空が暗くきれいなところでないと肉眼では見えない。暗い星の位置まで書いてある星図を用意し、天王星の位置を調べ、だいたいの方向に望遠鏡を向けたあとは、星図に見える星と望遠鏡に見える星の位置を見比べながら根気よく探してみよう。倍率を高くして拡大したときに、像が大きくなれば惑星（天王星）、どんなに拡大しても大きく見えなければ恒星。大きな望遠鏡（口径20cm以上）ならなんとなく青緑色っぽい様子もわかる。

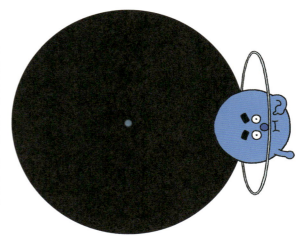

望遠鏡で見ても点像にしか見えない。
長期間観測して移動の様子を楽しもう。

海王星

天王星同様、肉眼で見えないので、やはり根気強く星図とにらめっこしながら探してみよう。かなり大きな望遠鏡（口径50cm近く）でやっと、なんとなく青っぽい様子がわかるようになる。

きほんミニコラム

惑星の定義文

●国際天文学連合：太陽系における惑星の定義

　現代の観測によって惑星系に関する我々の理解は変わりつつあり、我々が用いている天体の名称に新しい理解を反映することが重要となってきた。このことは特に「惑星」に当てはまる。「惑星」という名前は、もともとは天球上をさまようように動く光の点という特徴だけから「惑う星」を意味して使われた。

　近年相次ぐ発見により、我々は、現在までに得られた科学的な情報に基づいて惑星の新しい定義をすることとした。

●決議

　国際天文連合はここに、われわれの太陽系に属する惑星及びその他の天体に対して、衛星を除き、以下の3つの明確な種別を定義する：

　（1）太陽系の惑星（注1）とは、（a）太陽の周りを回り、（b）十分大きな質量を持つので、自己重力が固体に働く他の種々の力を上回って重力平衡形状（ほとんど球状の形）を有し、（c）自分の軌道の周囲から他の天体をきれいになくしてしまい、それだけが際だって目立つようになった天体である。

　（2）太陽系の準惑星とは、（a）太陽の周りを回り、（b）十分大きな質量を持つので、自己重力が固体に働く他の種々の力を上回って重力平衡形状（ほとんど球状の形）を有し（注2）、（c）自分の軌道の周囲から他の天体をきれいになくしきれなかった天体であり、（d）衛星でない天体である。

　（3）太陽の周りを公転する、衛星を除く、上記以外の他のすべての天体（注3）は、太陽系小天体と総称する。

注1：惑星とは、水星、金星、地球、火星、木星、土星、天王星、海王星の8つである。
注2：基準ぎりぎりの所にある天体を準惑星とするか他の種別にするかを決める国際天文学連合の手続きが、今後、制定されることになる。
注3：これらの天体は、小惑星、ほとんどの太陽系外縁天体、彗星、他の小天体を含む。

●冥王星についての決議

　国際天文学連合はさらに以下の決議をする：

　冥王星は上記の定義によって準惑星であり、太陽系外縁天体の新しい種族の典型例として認識する。

参考文献

【惑星を詳しく知りたい人へ】
最新 惑星入門（朝日新聞出版）渡部潤一、渡部好恵 著
太陽系探検ガイド エクストリームな50の場所（朝倉書店）Dベイカー・Tラトクリフ 著、
　渡部潤一 監修 訳、後藤真理子 訳

【惑星を含む、宇宙全般をきれいな写真とともに楽しみたい人へ】
彗星探検（二見書房）縣 秀彦 著
宇宙図鑑（ポプラ社）藤井 旭 著
星の地図館 太陽系大地図（小学館）渡部潤一・布施哲治・石橋之宏・片山真人・矢野 創 著

【惑星の読みものを楽しみたい人へ】
はやぶさ、そうまでして君は〜生みの親がはじめて明かすプロジェクト秘話〜（宝島社）
　川口淳一郎 著
宇宙への秘密の鍵（岩崎書店）ルーシー＆スティーヴン・ホーキング 著、さくまゆみこ 訳
宇宙に秘められた謎（岩崎書店）ルーシー＆スティーヴン・ホーキング 著、さくまゆみこ 訳

【子どもにやさしくお話ししたい人へ】
うちゅうのふしぎ（学研）ロブ・ロイド・ジョーンズ 著、縣 秀彦 監修
ちきゅうが回っているって、ほんとう？（くもん出版）布施哲治 著

【辞典、資料】
天文年鑑2024年版（誠文堂新光社）天文年鑑編集委員会 編
理科年表2024年版（丸善株式会社）国立天文台 編
天文学大事典（地人書館）天文学大事典編集委員会 編
月・太陽・惑星・彗星・流れ星の見かたがわかる本（誠文堂新光社）藤井 旭 著

著者プロフィール

室井恭子（むろい・きょうこ）

1976年茨城県生まれ。プラネタリウム解説員、国立天文台広報普及員を経て、現在は天文ライターとして小学生からの宇宙の質問にやさしく答えたり、大人向けの天文テキストなどを執筆。オーストラリアに在住し、南半球の大自然や星空の美しさをSNSインスタグラム（kyoko.muroi）でも発信中。著書に『天文宇宙検定』（恒星社厚生閣）共著など。

水谷有宏（みずたに・ありひろ）

1977年生まれ。福島県在住。教育学修士。大学院時代、国立天文台で銀河の研究をする傍ら、天体観望会などの天文教育活動も行なう。プラネタリウム解説員を経て、現在は学習塾の教室長として生徒さんの喜びを第一に指導に励む。みんなで天体観測を行なうこともしばしば。著書に『星の王子さまの天文ノート』（河出書房新社）共著、縣 秀彦 監修など。

イラスト	うえたに夫婦
協　力	藤井 旭、西條善弘、塚田 健、米山誠一、 山崎明宏、及川聖彦
装丁・デザイン	佐藤アキラ
編　集	中野博子

ゆかいなイラストですっきりわかる

宇宙人は見つかる？ 太陽系の星たちから探る宇宙のふしぎ

惑星のきほん

NDC 440

2017年8月15日　発　行
2024年5月 2日　第 3 刷

著　者	室井恭子、水谷有宏
発行者	小川雄一
発行所	株式会社 誠文堂新光社 〒113-0033 東京都文京区本郷3-3-11 電話03-5800-5780 https://www.seibundo-shinkosha.net/
印刷所	株式会社 大熊整美堂
製本所	和光堂 株式会社

Ⓒ2017, Kyoko Muroi, Arihiro Mizutani.　　Printed in Japan

本書掲載記事の無断転用を禁じます。

落丁本・乱丁本の場合はお取り替えいたします。

本書の内容に関するお問い合わせは、小社ホームページのお問い合わせフォームをご利用いただくか、上記までお電話ください。

JCOPY ＜(一社)出版者著作権管理機構 委託出版物＞
本書を無断で複製複写(コピー)することは、著作権法上での例外を除き、禁じられています。本書をコピーされる場合は、そのつど事前に、(一社)出版者著作権管理機構(電話 03-5244- 5088 / FAX 03-5244-5089 / e-mail:info@jcopy.or.jp)の許諾を得てください。

ISBN978-4-416-61752-6